The world of 2040,
created by the new chip & AI leader.

NVIDIA
エヌビディア

半導体の覇者が作り出す2040年の世界

津田建二 Tsuda Kenji

PHP

エヌビディア　半導体の覇者が作り出す２０４０年の世界

目次

第1章 エヌビディアとは何者か

第2章 AIの技術開発と各国企業

第3章　世界半導体業界のトップへ

第4章

自滅した日本の半導体産業

第5章 工場を持たない、設計に特化したファブレス企業

第6章

半導体とは何か

第7章 注目企業と半導体のサプライチェーン

第8章　エヌビディアが注力してきたGPUとは何か

第9章　創業してからＡＩに辿り着くまでの道のり

第10章　広がる技術と、各国企業との幅広い連携

第11章

AI技術の進化は、半導体の進化でもある

第12章 現実のＡＩ、これからのＡＩ

第1章

エヌビディアとは何者か

半導体企業初の1兆ドルプレイヤー

エヌビディアは、2023年5月に1兆ドル（当時約140兆円）超えのプレイヤーになった。そこから約1年後に時価総額が3兆ドル（当時約468兆円）を超え、しかも一時、世界のすべての企業のトップに輝いた。あまりにも金額が大きすぎて、ピンとこない人も多いだろう。

それまで1位だったのはマイクロソフト。かつてパソコンのOS（オペレーティングシステム）と言われるWindowsでパソコンブームを作った中心プレイヤーだが、最近はクラウドビジネスに力を入れており、時価総額が高かった。数年前に聞いた話では、マイクロソフトは三十数カ国、五十数カ所にそれぞれキャンパスと呼ばれるほどの広さを持つデータセンターを設置しているという。データセンターとはサーバと言われる高性能なコンピュータを数百台、数千台も設置している場所のことだ。マイクロソフトは自前の船で光ファイバーケーブルを敷設し、世界中の巨大な数のコンピュータをつなげたクラウドコンピュータサービスを提供している。もはやWindowsの会社ではないというわけだ。では、そのマイクロソフトを抜いてトップになったエヌビディアとはいったい何者なのか。

＊

２００７年頃、東京赤坂にあるエヌビディアの日本法人で開催されたゲーム機用ＧＰＵ(Graphics Processing Unit)の新製品発表に初めて出掛けた時、いつもの半導体企業の発表会とは様子が違って、筆者は「場違いなところにきてしまった」と思ったことを覚えている。ゲーム機用のボードとパソコン用のディスプレイが展示されており、当時のいわゆる〝パソコンオタク〟のようなＰＣ雑誌の記者がとても多い印象だった。それがエヌビディアとの最初の出合いで、当時エヌビディアはゲーム機の画像用のグラフィック半導体チップを作っていたのだった。

その後２０１１年に、筆者は自動車のダッシュボード向けの高集積ＳｏＣ（システムオンチップ、System on a chip)「Tegra2」について取材するため、東京のエヌビディアを訪れた。Tegra2 は自動車のダッシュボードでカーナビを見せたり、スピードメーターを液晶画面上にグラフィックスで表示したりする、情報と娯楽を組み合わせたインフォテインメントの用途で開発されたものだった。時期尚早だったのか、自動車向けはうまくいかず、その後 Tegra2 の話は出なくなった。

それが２０１６年になると、エヌビディアはＡＩ（人工知能）一色になっていた。日本国内で開催されたＧＰＵ技術会議で、「パイトーチ（PyTorch）」や「テンソルフロー（TensorFlow）」など主要なＡＩフレームワークを試したり、日本の代表的なＡＩ企業であるプリファードネットワークスとコラボしてみたりするなど、同社はＡＩに力を入れ始めていたことがわかった。以来、筆者は「エヌビディアはＡＩの会社」と見るようになっていった。

ＡＩ関連の起業家には、アルゴリズムを開発して、これまで見えなかった事実を見えるようにしようと考える人が多い。

しかし、そのアルゴリズムを実行するには、クラウドコンピュータやスーパーコンピュータのような高性能なコンピュータが強く求められる。そのコンピュータを動かす技術を辿っていくと半導体に行き着くことになる。そこにいるのがエヌビディアなのだ。

優秀な社員に賭けている

エヌビディアの物語はアメリカンドリームを実現させた成功物語のように見えるかもしれないが、実は大きな失敗もしていたことが知られている。エヌビディアの物語を掲載した米国最大のビジネス雑誌『FORTUNE』の記事（2001年9月）から少しピックアップしたい。

1993年にシリコンバレーで誕生したエヌビディアの原点は、ゲーム用のグラフィックス画像を描くためのコンピューティング技術であり、それを半導体チップで実現しようとしていた。

1995年には、最初のチップを日本のゲーム機メーカーのセガ向けに開発したが、オープンスタンダード仕様を使わずに独自仕様にしたため、うまくいかなかった。その結果、110人いた社員のうち70人をレイオフせざるを得なくなったのだという。

そこで諦めてしまう起業家が多いが、エヌビディアの創業者ジェンスン・フアン氏は諦めなかった。資金を提供したベンチャーキャピタル、サターヒル社のジム・ゲイザー氏も「最初からうまくいく企業などほとんどない。私はこの（エヌビディアの）エンジニアのチームに賭けている」と気にしていなかった。

フアン氏は、セガの副社長だった入交《いりまじり》昭一郎氏に連絡し、エヌビディアの開発に間違いがあったことを詫びた。そして、正直に「エヌビディアは契約通りのゲーム機を完成することができない。セガは、直ちに他のパートナーを探してほしい」ということも伝えた。同時に、「私たちは御社からの支払いがないと倒産してしまう」と苦境にあることも話し、恥を忍んで支払いをお願いすると、入交氏はこの要求を受け入れ、そのうえ6カ月の猶予期間も与えてくれたという。

のちに、フアン氏は「最高の技術で作れば結果はついてくる、と最初は思っていた。しかし、間違っていた。市場や消費者の需要を読むことにもっと精通すべきであった」と述懐する。

創業者の一人で、ハードウェアエンジニアリング担当VP（Vice President）のクリス・マラコウスキー氏は「私たちの企業風土からは厳しい戦略転換だった。独自技術にこだわり、差別化しようとする企業風土だからだ」と語っている。実際、「独自技術を捨て、二番手戦略に成り下がるのか」と悩みながら、去っていった社員もいたという。

フアン氏ら経営陣は、戦略転換の根拠について社員を説得し続けた。なかでもマラコウスキー氏は、ある時「私たちは特別な技術に賭けているのではなく、優秀な社員に賭けていることに気がついた」と言い、重要なそのことを社員に伝えたところ、主要な社員はとどまってくれた。それがまったく新しいグラフィックチップ「RIVA 128」の開発につながったのだという。

「この会社に上司はいない」

ところが、その「RIVA 128」チップを実装している台湾企業の製品の不良率が30％にもなってしまったことがあった。通常は5％程度、すなわち良品率（歩留《ぶど》まり）は95％くらいであるから、不良率30％というのは異常に高い数値なのだ。

エンジニアたちは、設計上の欠陥だとは誰も思っていなかった。かといって、このまま顧客に渡すわけにもいかず、経営会議では誰もが頭を抱えた。

その時、マラコウスキー氏が「手作業でチップを全品テストしよう」と言い出したのだ。フアン氏は「そんなことをしたら、自分で自分の首を絞めてしまう」と反対したものの他に妙案はなく、最終的にフアン氏も賛同するしかなかった。

フアン氏、マラコウスキー氏ら経営陣が先頭に立って、社員全員で全数検査を始めた。昼夜にわたり、文字通り数十万個のＧＰＵチップを1個ずつパソコンに載せ、テストし終えたら外して出荷する、という単調で退屈な作業を繰り返し続けた。1個当たり5分程度かかったため、数千時間に及ぶ作業となった。そのなかでファン氏は「この作業をしなければ会社は救われない」とつぶやきながら作業をしたという。

社員一丸となって行なったこの作業はのちに伝説となり、「みんなで会社を救った」として心を一つにした。そしてこのチップRIVA 128はビッグヒットとなり、会社は潤うことにもなった。

一丸となって遂行したこの検査作業と、次の章で触れる2016年のAIへの戦略転換は、エヌビディアの企業風土に大きな影響を及ぼすことになった。これらによって、経営陣と社員との関係が対等になったのである。

ファン氏は言う。「この会社には上司(ボス)はいない。いるとすればプロジェクトが上司なんだ」。この言葉は、フラット(水平)で対等な関係を物語っている。このフラットな関係は大切にされ、3万人弱の企業に成長した現在も引き継がれている。

TSMCから見ると「日本人は働かない」

「プロジェクトが上司である」という言葉は、社員一人ひとりが責任をもって業務にあたり、しかもかなりの裁量を任せてもらえることをうまく表現している。社員一人ひとりを信じてもらえるという点で、社員のやる気が違ってくるし、残業時間を気にせずに集中して好きなだけ働けるということでもある。

このエヌビディアの企業風土は、日本の企業風土とはまったく異なることも興味深い。日本では、残業時間を気にせず働ける会社と聞くと、人によってはブラック企業と感じるかもしれない。しかし、残業する人の多いエヌビディアは、日本人がイメージするブラック企業とはまったく違う。一般的にブラック企業と言われる会社は、社員一人ひとりに裁量がほとんどなく、自分で仕事を割り当てたり、決めたりすることができない。いわば「やらされ仕事」で、数十時間も残業を強《し》いられることが多い。それにもかかわらず、責任だけはとらされる。結果として、うつ病につながったり、自殺者を出すことになってしまったりするのは耳にするところだ。

エヌビディアには長時間、仕事をする人も多いが、やらされているわけではなく、誰もが自分で自分に仕事を割り当てて裁量権を持っているので、たとえ仕事がハードであったとしても、ブラック企業とは大きく違う。

最近、残業や徹夜もいとわない台湾の半導体メーカーTSMC（台湾積体電路製造／Taiwan Semiconductor Manufacturing Company, Ltd.）が日本に現地法人を作り、日本人と一緒に働くようになった。そのTSMCの関係者から「日本人は働かない」という声を聞くようになったという。では、TSMCはブラックなのかというと、そうではないだろう。

そもそも「やされ仕事」ではなく、自分で「やる仕事」であれば、残業や徹夜をいとわない人たちというのは昔からいる。マイクロソフトの創業者ビル・ゲイツ氏もその一人だった。彼が大学の研究室にいた時代に、毎朝、秘書が出勤してくると、いつもゲイツ氏が床に寝転がっていたという逸話は有名だ。

会社が「残業を減らせ」と言っても、業務が山積みの状態で残業を減らせば、会社の売り上げは減少する。かといって、無理に残業をやらせれば、うつ病などにもつながりかねない。社員に仕事をさせたいのなら、残業するかどうかも含めて、裁量を与えることが重要だろう。裁量を与えることと、責任をとらせることは違う。エヌビディアでは責任はどうとらされるのだろうか。

例えば一つのプロジェクトがうまくいかなかったとしても、それは個人の責任ではな

資料1-1 シリコンバレーの新社屋

く、チーム全体の問題だという考え方がとられている。先述のように、上司はプロジェクトで、責任はチーム全体で解決するという、フラットな風土なのだ。数カ月前に、純粋な日本企業からエヌビディアに入社したある社員は、エヌビディアのカルチャーに驚いたというが前向きな様子だ。

「裸の王様」にならないように

最近、エヌビディアは本社ビルを新しくし、「ボイジャー」をオープンさせた(資料1－1)。75万平方フィート(約7万平方メートル)の建物は堂々としており、コンピュータグラフィックスの基本原理である三角形をつなげたようなガラス状の外観である。完成してひと月の間は非公開とされ、約２０００名の従業員たちは内部の木造の家のような感触を楽しんだという。従業員とその家族約８０００名がオープンハウスのドアから入れるようになっていた。

ファン氏には社長オフィスがない。デジタル時代の遊牧民ノマドのように建物内を動き回ることが好きだからだという。

似たような話を、コンピュータベースの測定器をハード・ソフトの両面から開発しているＮＩ（ナショナルインスツルメンツ）社のＣＥＯからも聞いたことがある。２０１７年までＣＥＯを務めていた共同創業者のジェームス・トゥルッチャード氏は社長室を持っていなかった。一般社員と同じフロアで、同じブース形式の机で仕事をしていた。博士号をもつ彼はドクターＴという愛称で呼ばれており、社員からとても尊敬されていた。

来日した時、彼に「なぜ社長室を持たないのか」と聞いてみると、「自分は将来に向けたテクノロジーのトレンドをこの目で確かめるために社内外の人から意見を聞いている。社内で社長室を設けると、ノックして部屋に入るという行為が社員には一つの抵抗として働く。この抵抗を取り払い、いつでもどこでも社員と話をしたいからだ」と話していた。

ＮＩは研究開発の現場を顧客とするビジネスを展開しているため、将来のテクノロジーが向かっていく方向に常に会社の方向を定める必要がある。社長室に閉じこもっていると「裸の王様」になりかねず、会社の方向を見失ってしまうということだった。

エヌビディアのファン氏も、ＮＩのドクターＴと似たような考えをもっていて、今も社員と同じフロアで仕事し関係を構築し続けているのではないだろうか。

多くの提携やコラボで成り立つエヌビディアの世界

エヌビディア社内での対等な関係は、社外でも同様のようだ。エヌビディアに資材やテクノロジーを提供してくれるサプライヤーも、顧客もみな対等なパートナーである。「お客様は神様」というような考え方はなく、日本で問題となっているカスハラ（カスタマーハラスメント）とは無縁の世界だ。

エヌビディアは、ＧＰＵを作っている企業であるが、完成したＧＰＵをコンピュータのマザーボードに挿し込むドーターボードあるいはカードにし、コンピュータメーカーに提供している。つまりＢ２Ｂ（ビジネス・ツー・ビジネス）企業といえる。

エヌビディアにモノや技術を提供するサプライヤーもあれば、エヌビディアが製品を納める顧客もいる。だからこそ、各レイヤーでの仲間作り、すなわちパートナーシップが欠かせない。

米国企業の場合、エヌビディアのような対等な関係のパートナーシップを結ぶ提携が多い。このため水平分業体制がうまくいきやすい。エヌビディアの本業であるファブレス半導体設計会社は水平分業のなかで仕事をしてきた。

一方、日本の場合は、総合電機というコングロマリットの社内、あるいは下に半導体部門や半導体会社があった。そこには上下関係が存在し、かつては上部組織からの指示で外販するままならなかった半導体部門もあった。

本社の屋根こそ、ポリゴンのグラフィックス

エヌビディアが得意とするグラフィックス技術とは、コンピュータを利用して絵を描く技術で、そのための半導体チップをGPUと呼んでいる。

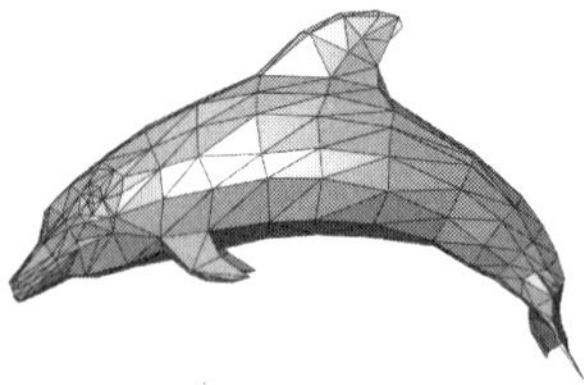

資料1-2 ポリゴンを使った例

資料1-3　上から見たエンデバー（手前）とボイジャー（奥）

では、絵画における曲線をどうやって表現するのか。コンピュータ上で曲線を自由に描けるようにするために何をすべきか。

彼らは、多角形の「ポリゴン」（資料1－2）と呼ばれる基本単位を三角形（トライアングル）で表現し、小さな三角形の形をたくさんつなぎ合わせて、それらをフレキシブルに変えることで動物や植物などの絵を描くことに成功した。小さな三角形の各頂点を座標で表し、頂点同士をつなぎ合わせることで、多数の小さな三角形が集まった絵を描くことができるようになった。

この基本的な小さな三角形こそ、新しいエヌビディアの本社ビルの屋根の形（資料1－3）であろう。エヌビディアの原点はこのグラフィックス技術である。

第2章

AIの技術開発と各国企業

２０１６年にＡＩへと大きく舵を切る

サンノゼで行なわれた２０１６年４月のエヌビディア主催の開発者会議「GTC 2016」でのこと。この開発者会議で、フアン氏は、エヌビディアがＡＩへと大きく舵《かじ》を切ることを表明した。

それ以降、ＡＩの計算に必要な半導体ＧＰＵの開発だけではなく、ＡＩの活用に欠かせない学習機能を強化するためのソフトウェアライブラリを充実させたり、並列処理演算を実行しやすくするためのソフトウェア「ＣＵＤＡ（クーダ、Compute Unified Device Architecture）」を整えたりするなど、ソフトウェア面も着々と強化していった。

また、エヌビディアは、ＩＴ企業やインターネットサービス事業者以外の業種の企業との提携も進めた。後述するが、エヌビディアはものづくり系ソフトウェアを開発するシーメンス社と提携したり、英国原子力公社（UKAEA：UK Atomic Energy Authority）と提携したりしている。さまざまな業種とつながることで、着実に顧客を増やすことにつながっている。

英アーム社の買収に失敗

順調に成長してきた会社のように見えるが、企業買収で失敗したこともあった。

２０２０年に、エヌビディアは英国の半導体ＩＰ企業、アーム社を買収することに名乗りを上げている。アームは、ＣＰＵ（Central Processing Unit：コンピュータそのものの計算や制御を行なう半導体）やＧＰＵ（Graphics Processing Unit：コンピュータ上に絵を描くための専用の半導体）を設計する際に必要なＩＰ（Intellectual Property：知的財産）を、半導体メーカーにライセンス供与する企業である。

アームは、２０１６年に日本のソフトバンクグループ（ＳＢＧ）が買収し、ＳＢＧが１００％の株式を持っていた。そのアームをエヌビディアに買収するよう勧めたのは、実は、ＳＢＧ自身だったのだ。

孫正義氏率いるＳＢＧは、投資会社（ファンド）である。孫氏は、貸しオフィス業のスタートアップ WeWork に約1兆円もの投資を行ない、経営がぐらついてしまった。そのため、企業価値の高いアームの売却を決めたのである。売却先として選んだのは、やはり

ＳＢＧが一部を出資しているエヌビディアだった。孫氏はWeWorkでは失敗したものの、エヌビディアに出資したことは先見の明があったといえる。

エヌビディアがアームを買収することを決めた後、孫氏はエヌビディアのファン氏と２０２０年10月29日に対談していて、その様子はYouTubeのエヌビディア・チャンネルにもアップされている（https://www.youtube.com/watch?v=53LLbIHQmnA）。

アームのビジネスモデルは、すべての半導体メーカーや半導体ユーザーに対して、中立的でオープンな立場であることによって成り立っている。ＳＢＧは投資会社なので、ＳＢＧがアーム株を全株保有していても、中立性は担保されている。ＳＢＧは、アームにとってビジネス上の顧客ではなく、半導体サプライチェーンのどこにも関係していないからだ。

しかし、エヌビディアという半導体メーカーがアームを買えば、アームの中立性は保てなくなり、どの半導体メーカーもアームの技術を入手できるという公平さがなくなってしまう。エヌビディア傘下になると、アームは、ＣＰＵやＧＰＵなどのＩＰコアを、これまで通り他の半導体メーカーやユーザーに売りにくくなることは間違いない。アームのＩＰコアを使っている半導体企業や欧米のメディアは、エヌビディアによるアーム買収に反対した。

実は、２０１０年頃にもアームをアップル社が買収するという噂がシリコンバレーを駆け巡ったことがある。筆者は当時、たまたま出張でシリコンバレーを訪れていた。アームのＣＥＯがどこにも売りに出さないと公表したため、買収を考えていたアップルが諦めたという話を現地で耳にした。

アームの中立性は非常に重要であり、ビジネス上の顧客たちがエヌビディアによるアーム買収に反対するのも当然だ。さらに、米国の反トラスト法当局も独占禁止法を適用して、エヌビディアによるアーム買収を認めなかったのだ。こうして、２０２２年にＳＢＧが売却の断念を発表し、買収はかなわなかった。

画期的なアイディアは英国から

エヌビディアは、アーム買収の波に巻き込まれたが、その間にもＡＩへの投資を着々と拡大し、技術を蓄積するとともに顧客層を広げていった。

２０２０年９月には、エヌビディアはアームの技術を活用し、アームとともに英国ケンブリッジ市にＡＩ研究センターを設立することになる。ケンブリッジ大学は、アイザック・ニュートンやチャールズ・ダーウィンを生んだ科学の中心地で、ケンブリッジにはアームの本社があり、画期的なアイディアを持つ人たちがやってくることも多い。

昔から、エレクトロニクス技術の分野では、「画期的なアイディアは英国から生まれ、ビジネスに結び付けるセンスは米国が得意」と言われてきた。また、「実現する試作技術は日本が得意で、量産技術は中国が向いている」とも言われてきた。

ケンブリッジのＡＩ研究センターにはエヌビディアの半導体チップを多数使ったスーパーコンピュータを設置し、世界中から優秀な人が集まりやすいケンブリッジではこのスパコンを自由に利用できる環境を作っている。

レイトレーシングのリアルタイム動作技術を開発

２０１８年にエヌビディアは、写真との判別ができないほど写実的な絵を描くための技術の一つである「レイトレーシング（Ray Tracing）技術」のリアルタイム動作技術を開発した。例えば、資料２-１は、この技術を用いて描かれたものである。この絵を１秒間

資料2-1　リアルタイムで描くエヌビディアのレイトレーシング技術

に30枚も描けるほどＧＰＵの能力が高い。

それまでもレイトレーシング技術は実用レベルには達していたが、１枚の絵を描くのに何分もかかっており、かつリアルタイムの描画はできなかったのだ。

例えば、２００８年に公開された映画『ベンジャミン・バトン　数奇な人生』（ブラッド・ピット主演、80歳の老人として生まれ年月とともに若返っていくというストーリー）に、このレイトレーシング技術が使われている。当時は映画の1シーンを描くのに、コンピュータの計算に何時間もかかっていたが、映画の制作自体が何カ月もかかるため、この計算に時間がかかってもさほど問題はない。それゆえ当初のレイトレーシング技術は、映画制作のような現場で使われていた。

リアルな映像を作ることができるエヌビディアのレイトレーシング技術は、次に述べる「オムニバース(Omniverse)」など、さまざまな分野への応用が始まっている。

独シーメンス社と作るデジタルツイン工場

ものづくり系のソフトウェアを開発しているドイツの老舗シーメンス社は、エヌビディアのGPUに注目した。シーメンスのソフトウェアは、CAD(コンピュータ支援設計)による画像を作り出すことはできるが、いかにもコンピュータグラフィックスという画像で写実的ではなかった(資料2-2上)。ソフトウェアをどれだけ工夫しても、シミュレーション速度に限界があったからだ。そのためシーメンスは、計算速度の速いハードウェア、つまりGPUをコンピューティングのリソースにすることが早道だろうと考えていた。

ちょうどその頃シーメンスは、エヌビディアと提携して協働していくうちに、エヌビディアがGPUという単なるハードウェアだけを設計しているのではなく、オムニバースと呼ぶ、写実的な絵を描くソフトウェアも提供していることを知る。これを使えば、工業用

資料2-2 同じ工場の絵をシーメンス（上）とエヌビディア（下）が表現

のメタバースともいえるデジタルツインを作り出せるようになるのではとシーメンスは考えたのだ。

デジタルツインとは、現実の製品やサービスあるいは工場と完全に瓜二つのものをシミュレーションで作り出す技術のことである。熱や風の流れを現実により近い状態で可視化しやすい。例えば製品を作る前に、コンピュータを使って仮想的に製品を作り出し、実環境と同じような状態を作ってシミュレーションをすることで、試作から量産までの開発期間を短くするのである。

シーメンスは、3次元CADやシミュレータなどの総合的なデジタルプラットフォームである「エクセラレーター（Xcelerator）」のなかに、エヌビディアのオムニバースを組み合わせた。これによって、より現実的な製品情報を顧客や潜在顧客らと共有することができるようになった。

工業用メタバースは、製品だけでなく、生産工場そのものもデジタルツインでシミュレーションできる（資料2−2下）。デジタル上で工場を作り、ロボットの動作時間を評価したり、作業フローのボトルネックを導き出したりすることによって、もっともスループットの高い生産方式を導き出すことが可能となる。

　このソリューションをシーメンスは実際の工場の生産ラインに導入しようとしている。2022年8月末にシーメンスは日産自動車と連携し、日産栃木工場における電気自動車「アリア」の生産ラインのデジタルシステムを構築することで合意した。作業効率の改善だけではなく、廃棄物をなくすゼロエミッションの生産体制も実現していくとしている。

クリーンエネルギー〝核融合〟への再挑戦

　もう一つ、オムニバースを活用して連携した事例がある。2022年5月末、英国の原子力公社は、写実的なシミュレーションが可能なエヌビディアの「オムニバース」を使って、英マンチェスター大学と共同で核融合技術の実用化に取り組むことを決めた。

　核融合技術は、放射性物質を使わず、放出もしない〝夢のエネルギー〟と言われている。日本は1950年代からこの技術に投資し続けてきたが、いまだに実用化できていない。海外でも、核融合は「実現できない、夢のまた夢」として、ほとんど諦められた技術だった。

　ところが、エヌビディアの「オムニバース」の出現により、実験に近い条件をシミュレ

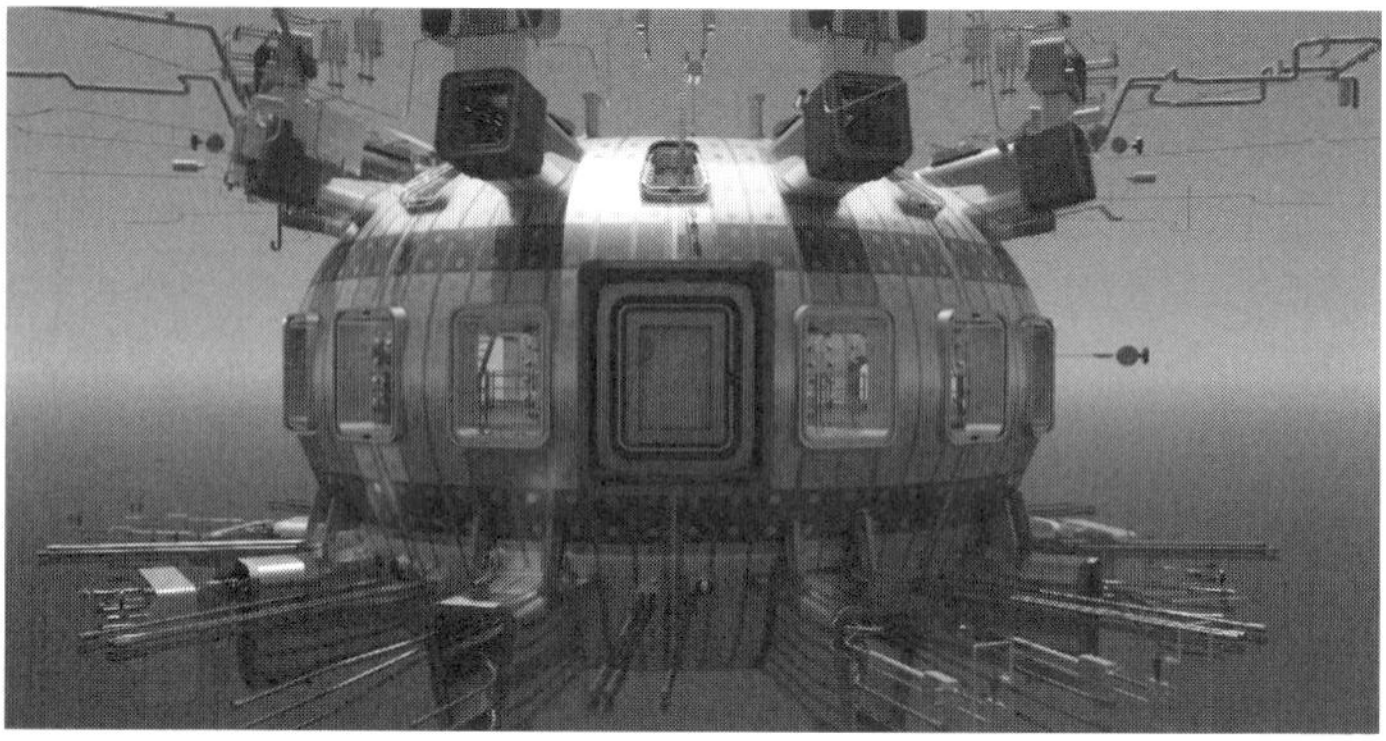

資料2-3 オムニバースを使った核融合炉のデジタルツイン

ーションで作り出すことができるようになったのだ。

UKAEAは、これまでのように試行錯誤的に試作実験を繰り返すのではなく、現実に近いシミュレーション、すなわちデジタルツインを開発してコンピュータ上での実験を行なうことが、開発の早道だとしてエヌビディアと提携するに至ったのである（資料2-3）。

核融合技術とは、まず水から水素を作り出し、その水素原子内部の原子核同士を衝突させて融合させ、強力なエネルギーを発生させるものだ。太陽と同じ状態を地球上で作り出すことが可能になれば、安全でエネルギー密度の高いエネルギーになるはずだと考えられている。

しかし、これはほとんどの国が諦めてしまったほど、難しい技術開発でもある。太陽の温度は華氏2700万度と言われていて、地球上で太陽と同等のものを作り出すためには、太陽と同じくらいの重力を加えなければならない。太陽に比べ、重力が小さな地球上で実現するためには１・８億度が必要と言われていることも開発の難しさの原因の一つだろう。

核融合の実現は夢……ではないかもしれない

そのような高温を作り出す技術としてプラズマ技術がある。プラズマ装置は半導体製造のエッチング（必要な部分だけを削る技術）や堆積《たいせき》（薄膜製造）などでも使われている。大出力の高周波電磁波を使ってプラズマ状態を作り出してはいるが、それでもせいぜい数万度止まりである。

核融合実験では、実験装置を何度も作り直したり条件を変えたりしたが、プラズマの臨界に達することができなかった。実験を繰り返している段階にとどまっているということだ。少しでも実用化への道に近づくためには、実験とほぼ同じような条件を作り出せるシミュレーションソフトが求められていた。デジタルツインのシミュレーションで実験状態を作り出すことができれば、条件を何度も変えて、成功しそうな道を見つけることができるからだ。

従来のような試行錯誤による実験では、実際にモノを作らなければならないために何日も何週間もかかっていたが、この方法であればコンピュータの計算パラメータを変えるだけで簡単にできる。最適条件という目標到達までの時間が圧倒的に早まり、これまで諦めていたことを諦めずにすむ可能性が出てきたというわけだ。ＵＫＡＥＡとマンチェスター大学がエヌビディアと提携したのは、その可能性を見出したからである。

核融合技術は、将来のクリーンエネルギーとして期待されている。エネルギー資源の少ない日本は、常に石油を得る道を確保してきたが、成功すればそのような心配はなくなり、エネルギーを自国で賄《まかな》うことができるようになる。加えて、その電力エネルギーを外国に供給することも可能になるだろう。その実現に必要な技術を持っているのがエヌビディアなのである。

第3章

世界半導体業界のトップへ

バンク・オブ・アメリカの「マグニフィセント・セブン」とは

日本人にはまだ聞き慣れない「マグニフィセント・セブン」という言葉をバンク・オブ・アメリカが使うようになった。The Magnificent Sevenは、1960年代のアメリカ映画『荒野の七人』（資料3－1）の原題である。この映画は、貧しい村の住民たちがならず者に狙われて恐怖に慄《おのの》いていた時、偶然通りかかったガンマンたち7人が村人を救うという物語だ。黒澤明監督の『七人の侍』とほぼ同じストーリーを西部劇としてハリウッドがリメイクして完成させたものである。ちなみに2016年には、さらにそのリメイクも公開されている。

『荒野の七人』は映画音楽もヒットし、アメリカ人の心に沁み込むメロディとなっている。エルマー・バーンスタイン作曲のこの音楽を聴いてみれば、「題名は知らないが聴いたことがある」という日本人は多いことだろう。さまざまな交響楽団や音楽バンドがカバーしている。

この映画のタイトルがなぜ今、使われるようになったのだろうか。

「マグニフィセント・セブン」は、バンク・オブ・アメリカのアナリストが使い始めたとされる。市場支配力や技術的影響力などを考慮して選んだ7社を指すという。これまでハイテク関係のＩＴサービス業者であるグーグル（Google）とアマゾン（Amazon.com）、フェイスブック（Facebook：現在Meta）、さらにiPhoneを発明したアップル（Apple）というハイテク企業をガーファ（GAFA）と呼んだり、マイクロソフト（Microsoft）も加えて、ガーファム（GAFAM）と呼んだりしていた。これらは時価総額1兆ドル以上ある企業たちだ。

この5社に、やはり時価総額が一時1兆ドルを超えたテスラ（Tesla）とエヌビディア（NVIDIA）を加えて7社となった。テスラはピーク時には時価総額が1兆ドルを超えており、エヌビディアも時価総額は1兆ドルをはるかに超えている。この7社を合わせて「マグニフィセント・セブン」と名付けられた。

『荒野の七人』の原ストーリー『七人の侍』の「侍（サ

資料3-1　映画『荒野の七人』

ムライ)」は、単なる「武士」という意味だけではなく、「サムライ魂を持った人間」という意味も含んでいる。英語のMagnificentも同様に「偉大な」という意味だけではなく、「誇り高い」という意味も含むようだ。このため、Greatというような陳腐な言葉ではなく、Magnificentという言葉を選んだのではないだろうか。

2023年、世界半導体企業トップに急浮上した

資料3-2 エヌビディアCEOのファン氏

テスラは電気自動車や自動運転で日本でもよく知られた企業だが、エヌビディアについて詳しく知っている人はまだ少ないかもしれない。純粋な米国企業なのに、台湾企業だと誤解している人は筆者の周りにもいる。その理由は、エヌビディアのCEOが台湾生まれのジェンスン・ファン氏(資料3-2)だからだろうか。

エヌビディアは、米国カリフォルニア州のシリコンバレーを本拠地とする半導体企業である。また、イン

テルやサムスンという半導体企業は知っていても、エヌビディアについてはよく知らないという人もいる。２０２３年に世界半導体企業のなかで急浮上したのだから無理もない。

２０２３年の1～12月までの売上額では、１位は５４２億ドルを売り上げたインテルだが、エヌビディアの年間売上額はそれを上回る６０９億ドルに上る。ただし、エヌビディアの決算期は2月から翌年1月までのため、１～12月に換算し直さなければ正確な比較はできない。市場調査会社による最終結果がまだ算出されていないが、トップ付近にきていることは確かだ。

前年までは10位前後にいた企業であるから、２０２３年に急成長を遂げたことがわかるだろう。しかも、このところの業績の伸びは著しい。

各社半導体事業の年度売上額だけを見る

エヌビディアは、２０２４年度第４四半期（23年11月～24年1月期）の売上額が主要他社の２０２３年の第４四半期（10～12月）と比べてトップになっている。

１位のエヌビディアは２２１億ドル、２位ＴＳＭＣが１９６億ドル、３位サムスンが１

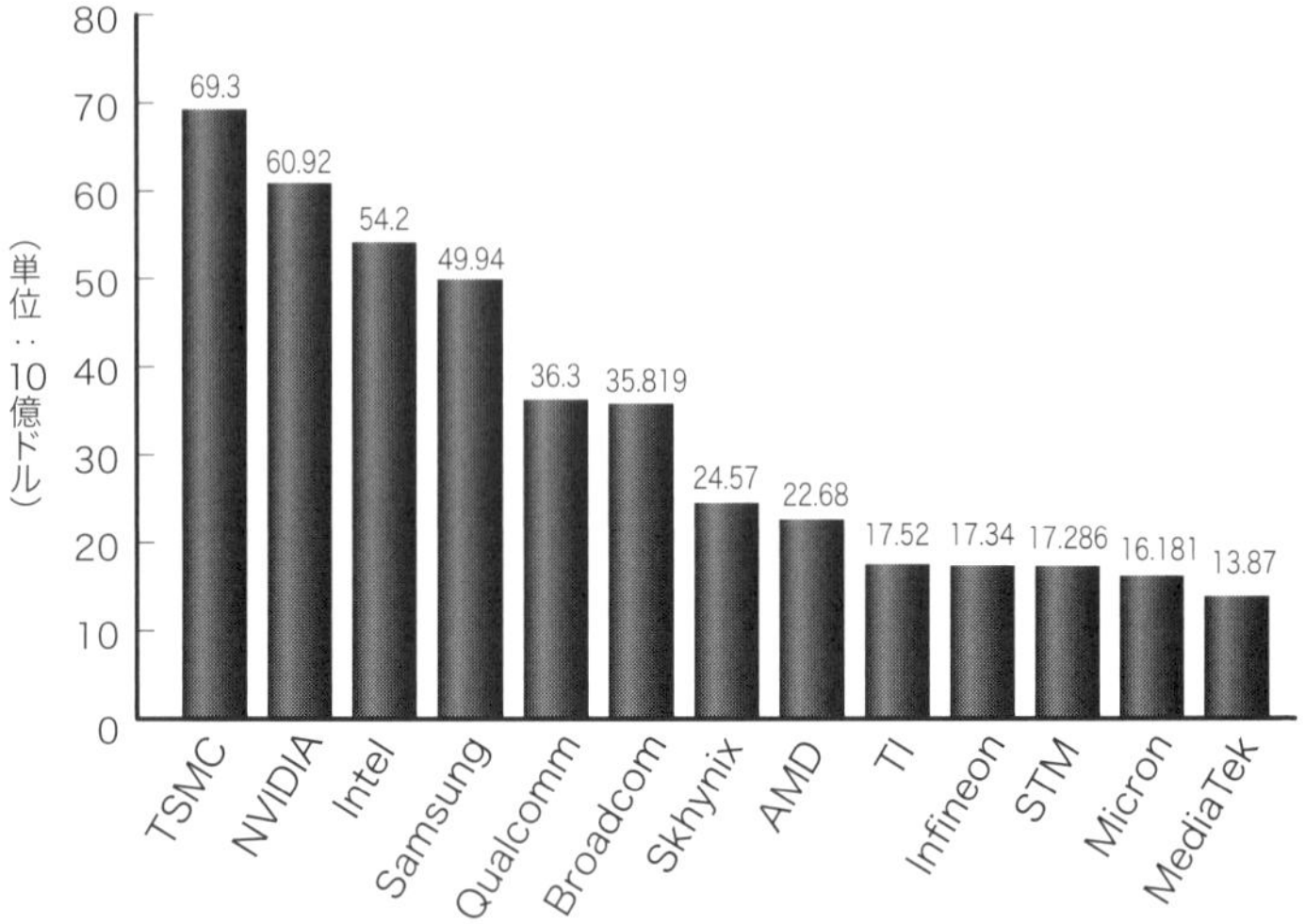

資料3-3 半導体企業各社の売上額をもとにしたランキング

58億ドル、4位インテルが154億ドルである。決算数字と次期四半期の見通しを受け、エヌビディアの株価は急激に上がり、時価総額が2兆ドルを超えた。

半導体企業のランキング順位は、市場調査会社によって異なることがある。年度を揃える換算をしたり、半導体製品の売り上げだけに絞ったり、対象となる半導体企業の範囲が異なっていたりするなど市場調査会社ごとに前提が異なり、各市場調査会社の推計部分が含まれているからだ。

そこで、筆者が集めた各社の決算発表の売上額のみを抽出したのが資料3-3である。サムスンはスマートフォン（スマホ）や家電も販売しているため、純粋に半導体事業部門だけの売上額とした。その他の企業は半導体専門企業なので、各社が発表した全社売上額をそのまま示した。決算時期が異なる企業も含まれているが、できるだけ1～12月に近い時期を選んでいる。日本企業は、決算期が４月から翌年３月までのところが多い。エヌビディアの決算期は２月から翌年１月であるが、グラフで示した数字と現実の数字は大きく異なることはないはずである。エヌビディアはこのグラフでもＴＳＭＣとトップを争っている。

工場を持つか持たないかで見方が変わってくる

ここで、ファブレス（fabless）とファウンドリ（foundry）について説明しておきたい。半導体製品は複雑であるため、設計だけに集中するファブレスと、製造だけに集中するファウンドリに分かれるようになった。

ファブレスは文字通り、Fabrication-less（製造がない）からきている。ファウンドリは、もともとは鋳物《いもの》工場という意味である。半導体の製造は鋳物や焼き物と似ていることからそう呼ばれたようだ。なお、設計から製造までの両方を一貫して手掛ける半導体メーカーもあり、それはＩＤＭ（Integrated Device Manufacturer：設計・製造の両方を手掛ける垂直統合の半導体企業）と呼ばれている。

市場調査会社が売上額やその順位を調べる際、半導体企業のなかにファブレスとＩＤＭは含めるが、ＴＳＭＣなどのファウンドリ企業は含めないことが多い。それは、調査の目的が半導体産業全体の規模と、各社の売上額を調べることにあるからである。

ＴＳＭＣの売上額は、顧客であるファブレス半導体メーカーやＩＤＭ半導体メーカーの決算書ではコストとして計上される。ファブレスやＩＤＭがファウンドリに支払うお金はコストであり、逆に、ファウンドリにとっては売り上げとなる。

半導体企業全体の規模を推計する場合に、ファウンドリの売り上げを加えると、ダブルカウントすることになってしまう。そのため半導体企業のランキングにおいてはファウンドリを除外することが多い。ただ、インテルやサムスンはＩＤＭではあるが、ファブレス半導体メーカーから製造を請け負うファウンドリ事業も行なっている。インテルやサムスンの売上額からファウンドリ売上額を差し引く調査会社もあるので、ランキング表を見る時は注意が必要だ。

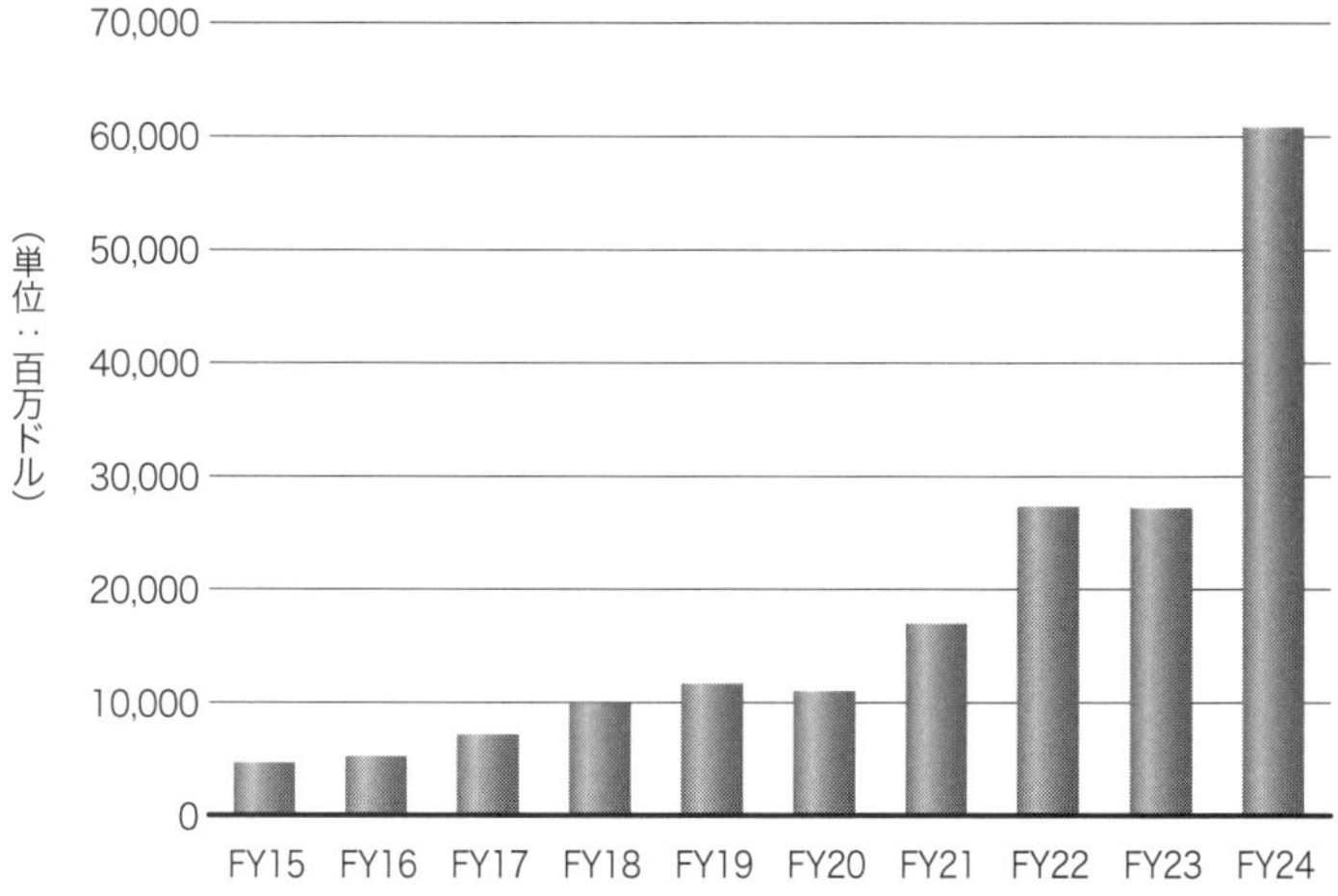

資料 3-4　会計年度（FY）2015年度から2024年度までのエヌビディアの売上額推移

１２６％伸びの〝破壊的〟な急成長

エヌビディアの急成長ぶりは半導体企業全体のなかでも群を抜く。

特に、２０２３年から２０２４年にかけての伸びは突出している。２０２３会計年度（２０２２年2月〜２０２３年1月期）の売上額は２６９・7億ドルだったが、２０２４会計年度（２０２３年2月〜２０２４年1月期）には売上額が６０９・2億ドルになっている。実に、２・26倍、１２６％もの伸びだ。

資料３－４は、エヌビディアのＦＹ（fiscal year：会計年度）ごとの売上額推移を示している。前述したように同社のＦＹは、２月〜翌年１月までである。資料３−４を見ると、FY2015からFY2020までもほぼ順調に売上額を伸ばしてきたが、FY2020からFY2021は52・７％成長、FY2021からFY2022は61・４％と、驚異的な成長率となっている。FY2015からFY2023までのＣＡＧＲ（Compound Annual Growth Rate：年平均成長率）は、24・５％となっており、急成長したといえる。ちなみに、１９９４年から２０２４年までの30年間の半導体企業全体のＣＡＧＲは６％である。

エヌビディアのFY2023からFY2024にかけての伸びは、１２６％であり、異常なほどの成長率だ。スタートアップのような小さな企業ではなく、日本円換算で約４兆円もの売上額がある大企業が大きな買収もせずに、翌年に９・４兆円にまで伸びたという話など聞いたことがない。

成長の要因は「半導体とＡＩ」の両方を併せ持っていたこと

エヌビディアの成長の要因は、なんといってもＡＩである。

２０１２年に、ＣＮＮ（Convolutional Neural Network：畳み込みニューラルネットワー

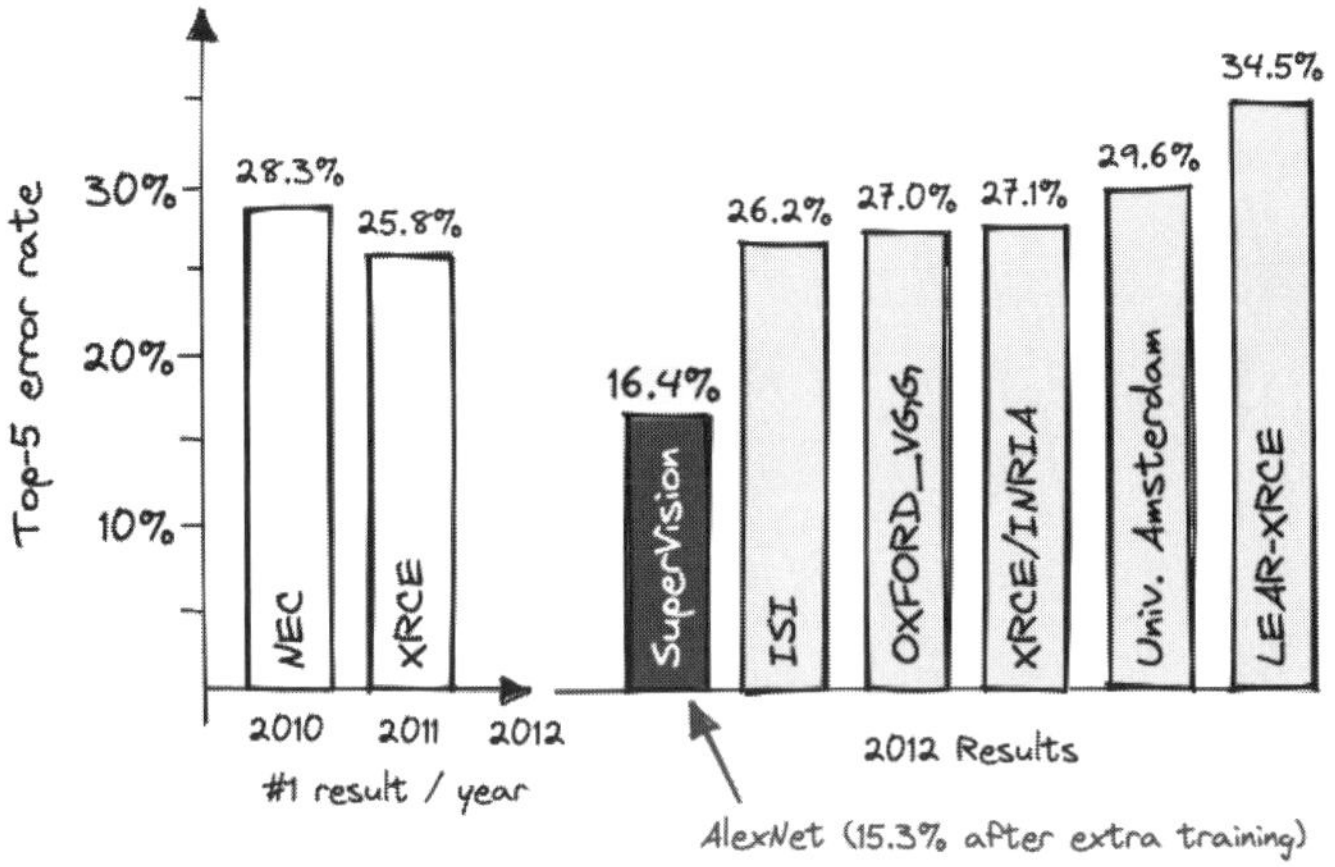

資料3-5　他の画像認識技術と比べた誤認識率

ク）手法を使った、高度な画像認識技術がカナダのトロント大学のニューラルネットワーク研究者のジェフリー・ヒントン教授らのグループで開発され、「AlexNet」と名付けられた。

ちなみに、ファン氏はAlexNetを「今日《こんにち》のＡＩのビッグバン」と表現している。それほどインパクトを与えた技術だった。

AlexNetは、２０１２年に開催された画像認識の国際大会ImageNetにおいて、圧倒的な差をつけて優勝している。それまで画像認識技術における誤認識率（誤って認識する割合）がもっとも少ない技術でさえ、誤認識率は25～30％に上っていた。

それに対して、AlexNetは誤認識率がわずか約16％と群を抜いていた（資料3－5）。約10％も少なかったのである。このAlexNetが使っていたディープラーニング技術に注目が集まり、以降ディープラーニング、機械学習の論文がうなぎ上りに増えていったのだ。

AlexNetが優勝した後、2015年には中国の百度（バイドゥ）が誤認識率5・98％という結果を出し、その1カ月後にはマイクロソフトが4・94％、さらにその5日後にはGoogleが4・82％と、次々と記録が塗り替えられていった。

実は、このAlexNetのディープラーニングにはエヌビディアのGPUとソフトウェアCUDAが使われていた。

大学や企業の研究者がディープラーニングを研究していくうちに、CPUで計算するよりもGPUで計算するほうが学習は速く進むことに気がついたヒントン教授によって、論文として発表された。その論文を読んだエヌビディアのエンジニアが、ニューラルネットワークを使ってGPUを動作させてみると、画像認識の精度が上がることがわかったという。

エヌビディアは、それまでゲーム機用の画像処理のGPUを中心に開発をしていたが、AlexNetの登場以降、AIについても研究をし始めた。その結果、ゲーム機に使っていたＧＰＵがＡＩの基本モデルであるニューラルネットワークの演算に使えることがわかり、ＧＰＵでＡＩの学習・推論の性能を上げるための技術開発に取り組み始めたのだ。

ＡＩの技術開発が実を結び始めた

当初エヌビディアは、ＡＩの技術開発については、大々的には発表していなかったが、やがて技術開発が実を結ぶことになる。２０１８年に、ＡＩスパコン向けＧＰＵの「Volta」によって学習時間を従来の数日から数時間に短縮することに成功するとともに、新しい「Tensor Core アーキテクチャ（設計手法）を採用し、本格的にＡＩビジネスに取り組むことになる。ＡＩ向けのＧＰＵである Volta ベースの Tesla V100 アクセラレータ（専用プロセッサ）は、さまざまなデータセンターに配置されるようになっていった。

ただ、エヌビディア全体の売上額から見ると、ＡＩ売上額はゲーム機用売上額よりまだ少なかった。それでも FY2018 には全社売上額は前年度比41％増の97・1億ドルへと大きく飛躍していた。FY2022 には全社売上額が前年度比61％増の２６９・14億ドルとなったのだ。このうちゲーム機用が同61％増の１２４・６億ドル、ＡＩを含むデータセンター向けが同58％増の１０６・1億ドルとなった。FY2022時点でもまだゲーム機用の売上額のほうが大きかった。

FY2023の売上額は、前年度比ほぼ横ばいの２６９・74億ドルだったが、ＡＩの学習チップを使うデータセンター向け売上額は、前年度比41％増の１５０・1億ドルとなり、ゲーム機用売り上げが同27％減の90・7億ドルと、この時に初めてＡＩ売上額がゲーム機用売上額を抜いたのである。

ＷＳＴＳ（World Semiconductor Trade Statistics：世界半導体市場統計）の実績データによると、２０２３年の半導体業界全体の売上額は、前年比８・２％減の５２６９億ドルとマイナス基調だったが、エヌビディアだけが対前年度比２・26倍の大幅増収だった。

第4章

自滅した日本の半導体産業

１９８８年以降、日本だけが沈んでいった

エヌビディアの躍進について理解するには、それとはまったく逆の方向に進んでしまった日本の半導体企業と比較してみるとよくわかる。

エヌビディアが大きく飛躍した一方で、日本の半導体産業の市場シェアは下降線を辿るばかりだ。

資料４−１は、米国半導体工業会（ＳＩＡ：Semiconductor Industry Association）の資料によるものだが、横軸は年代、縦軸は市場シェアを表している。国と地域別の半導体産業の市場シェアを最大１００％として相対的に示している。

日本を本社とする半導体メーカー、つまり日本の半導体産業のシェアは１９８８年をピークにして一貫して下降曲線を描いてきた。一方、韓国、台湾、中国はシェアを高めており、米国は圧倒的に大きなシェアを維持している。それに対して現在、日本は９％まで落ちている。

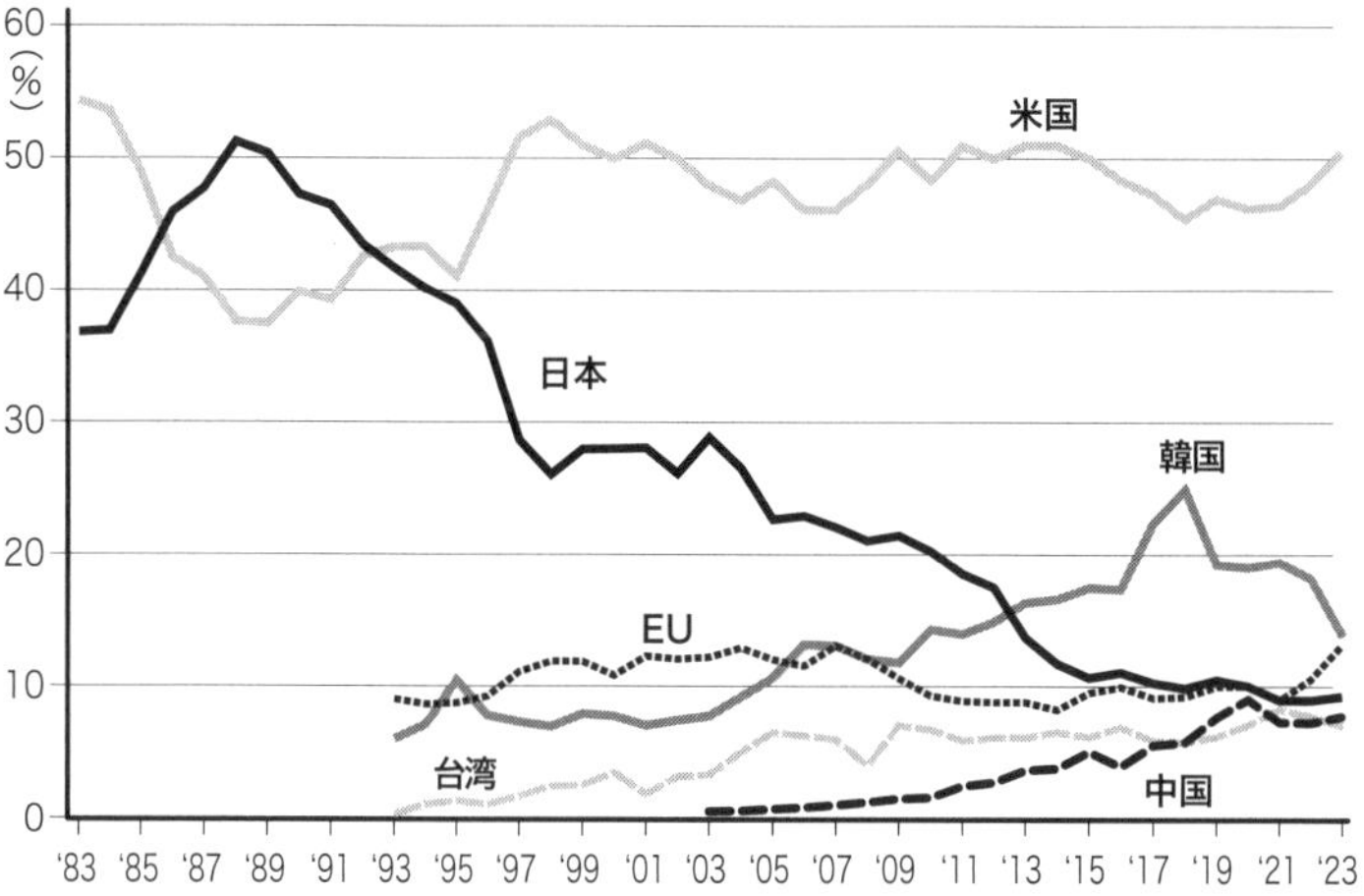

資料 4-1 半導体製品メーカーの国と地域別の市場シェア

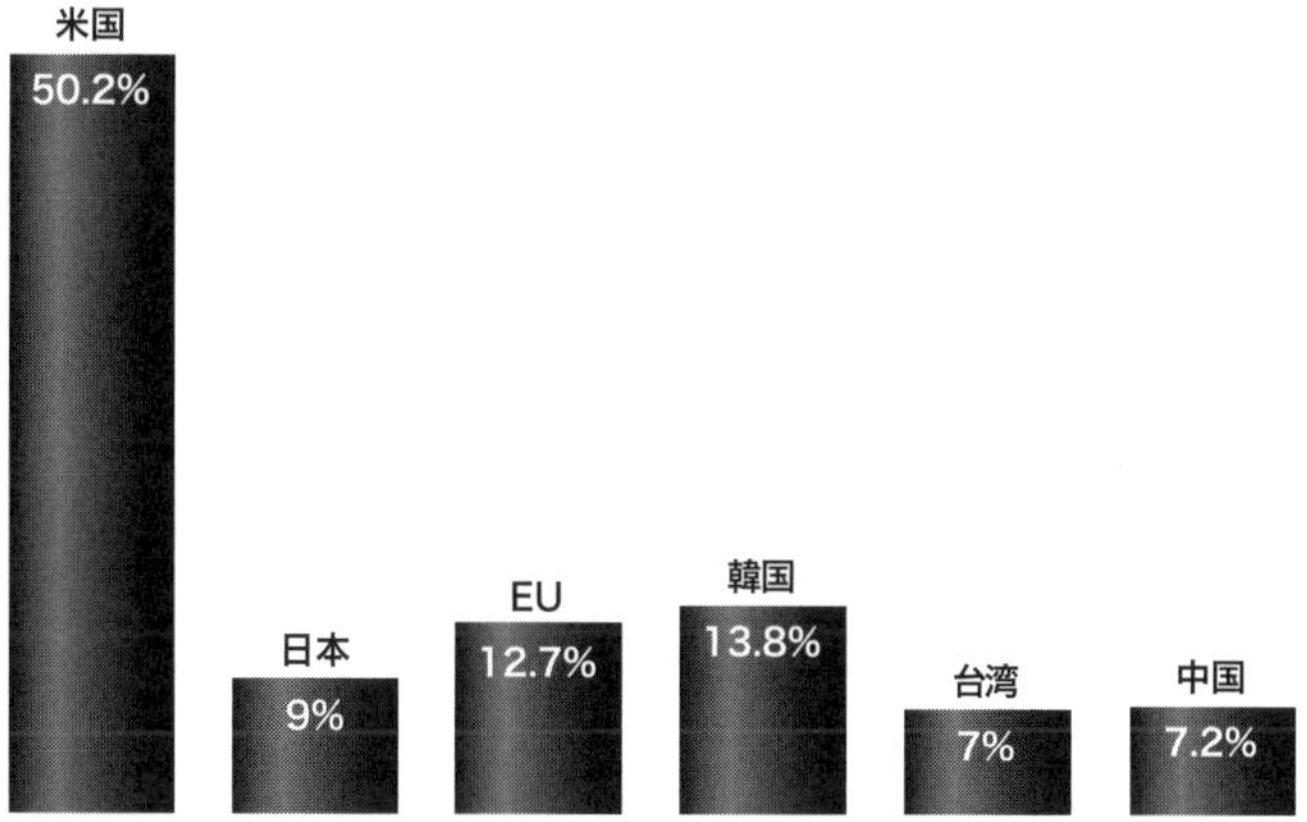

資料 4-2 資料4-1の2023年のみを抽出しグラフ化

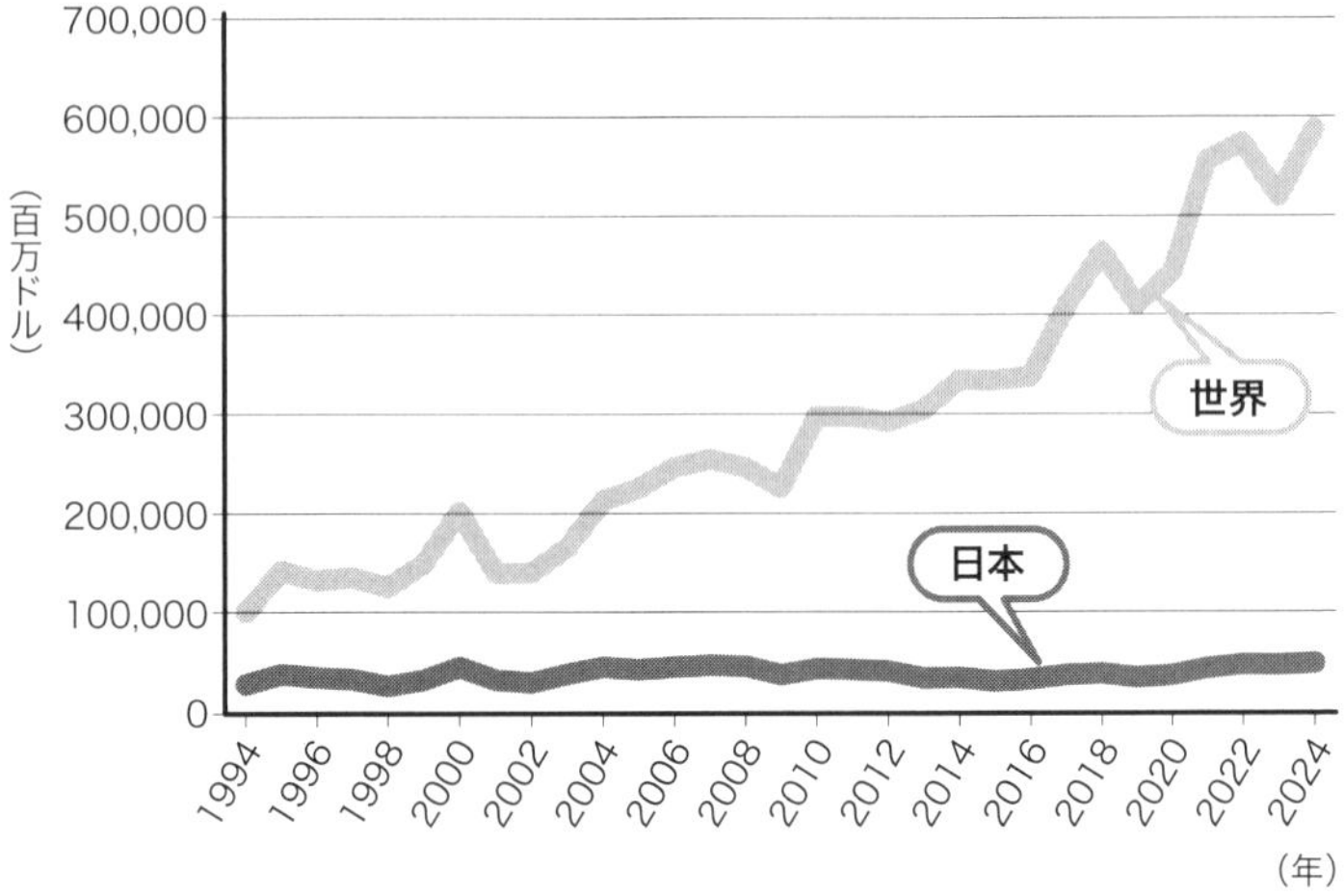

資料 4-3 成長している半導体市場

米国政府の圧力に負けたから、だけではない

資料４－３のグラフは、世界の半導体市場を表すＷＳＴＳの数字をプロットしたものだ。このグラフを見る限り、半導体市場自体は着実に成長していることがわかる。しかし、世界の半導体市場は成長し続けているにもかかわらず、日本の半導体市場だけはまったく成長せず止まっていることもわかる。

なぜこのようなことが起きたのか。

マスコミでは「日米半導体協定で米国政府の圧力に負けた」とする声が強いが、実際には、企業側の問題のほうが大きいといえる。

筆者が、半導体業界の中心にいた人たちに２

問題の所在	没落の要因	要因の分析	対策
経営	適切な時に投資しなかった	経営の理解不足	半導体は半導体側に
経営	横並びの経営判断、無責任	経営の理解不足	半導体は半導体側に
経営	わからなくても支配したがる	経営の理解不足	知識を学習
経営	世界のメガトレンドを無視	世界動向の理解不足	世界を自分の目で見よ
経営	国頼みの無責任体制	護送船団方式	米国の回復を学べ
経営	メディアもミスリード	米国がリードという誤解	海外取材増強
経営＋半導体	システムLSIへの戦略ミス	システムの理解不足	システムを勉強せよ
経営＋半導体	低コスト技術を開発しなかった	国家プロジェクトは先端技術のみ	設計から低コスト化へ
経営＋半導体	DRAMの敗因を正確に分析しなかった	ダウンサイジングを無視	勝てるDRAMを学習
経営＋半導体	顧客の声を聞かずに開発	代理店任せの弊害	マーケティング重視へ
経営＋半導体	40nm以下は開発するな、というマネージャー	技術者のやる気を削いだ	技術者を鼓舞する方法を習得すべし
半導体	上から目線のエンジニア	ICの価値を伝えなかった	多様化を認識せよ
半導体	マスク数を分析しても対応しなかった	あきらめの精神がはびこる	挑戦する気持ちを持て
半導体	安易にシステムLSIへ走ったが、理解不足	システムの理解不足	システムを勉強せよ
半導体	半導体はITがけん引することの理解不足	応用製品に期待するだけ	ITのトレンドを把握

資料4-4　日本の半導体が負けた原因

004年から10年間かけて取材して整理したものが資料4‐4である。「今だから話せる」と言って、当時の経営者たちの判断の誤りについて指摘した人が多かった。

資料4‐4にあるように、もっとも責任が大きかったのは、総合電機メーカーの経営者たちだったと言ってよいだろう。その理由について一言でいえば、半導体やそれを推進するITへの理解に乏しく、適切な経営判断ができなかったことが大きい。

もともと日本には半導体専業メーカーはほとんどなかった。ローム社以下、中堅の企業ばかりで、世界と戦えるほどの力はなかったといえる。日本の半導体産業を支えて、世界と戦ってきたのは、大手総合電機メーカーの半導体部門だった。ところが、その半導体部門は、総合電機メーカーにとっては一部門にすぎなかったのだ。

これが世界から見た日本の特殊性だった。他の国々では、唯一の例外のサムスンを除き、半導体専業メーカーがほとんどだったのである。

経営者たちは、世界の動きにまったく気づかなかった

総合電機メーカーの経営者が適切に判断できなかった背景の一つとして、半導体をけん

2021年順位	2020年順位	メーカー名	2021年（百万ドル）	2021年シェア(%)	2020年（百万ドル）	2021/2020成長率(%)
1	1	Apple	68,269	11.7	54,180	26.0
2	2	Samsung	45,775	7.8	35,622	28.5
3	4	Lenovo	25,283	4.3	19,023	32.9
4	6	BBK Electronics	23,350	4.0	14,258	63.8
5	5	Dell	21,092	3.6	16,814	25.4
6	8	Xiaomi	17,251	3.0	10,254	68.2
7	3	HUAWAI	15,382	2.6	22,710	-32.3
8	7	HP Inc.	13,789	2.4	10,745	28.3
9	9	Hon Hai Precision	8,855	1.5	7,387	19.9
10	10	HPE	6,736	1.2	5,395	24.9
		その他	337,695	57.9	269,849	25.1
		合計	583,477	100.0	466,237	25.1

資料4-5　半導体購入企業の世界ランキング

引する市場が、電機からＩＴにシフトしていったことにまったく気がついていなかったことが挙げられる。

半導体ＩＣ（集積回路）を購入する企業は、昔は総合電機メーカーがもっとも多かったが、ＩＴ機器を生産している企業に代わっていった。

半導体購入企業のランキングを見ると、かつては東芝やパナソニックやソニーなど、テレビ、ＶＴＲ、ラジカセなどのアナログ機器メーカーが上位にいた。昨今の半導体購入上位10社はスマホやパソコンなどのＩＴハードウェア機器メーカーと、ＥＭＳ（Electronics Manufacturing Service：電子機器の製造請負サービス）

企業である（資料4―5）。これは、半導体購入企業が電機からITに代わったことを意味している。

アナログ家電機器の多くはデジタル機器に替わり、台湾や韓国、さらには中国で量産されるようになった。その流れのなかで、日本の総合電機メーカーはデジタル化に大きく後《おく》れ、対処できなくなっていった。このあたりの分析はかつて、東京大学ものづくり経営研究センターの藤本隆宏名誉教授（現在、早稲田大学大学院教授）のグループが詳細に行なっている。

日本の総合電機メーカーのコンピュータ部門は、米IBMを追いかけ、先端というべきメインフレームコンピュータで競争をしていた。通商産業省（現・経済産業省）も同様で「日本が勝つためには先端技術を磨くこと」という信念を持っていた。コンピュータ分野は、先端技術の粋《すい》といえるメインフレームやスーパーコンピュータのような技術でリードすることこそ、国の経済を引っ張ると考えていた。経済産業省は、今でもそのように考えているふしがある。

斜陽産業のイメージから、優秀な学生たちが就職を避けた

日本では、世界をリードするための「第5世代コンピュータ」プロジェクトが進められたが、世界のコンピュータ業界は、先端コンピュータより使いやすいコンピュータを求めるダウンサイジングの動きに向かっていた。しかし、経済産業省も各総合電機メーカーもこの動きに乗れなかった。その結果、コンピュータ分野での世界競争に敗退し、半導体も敗退したのである。

それにもかかわらず、総合電機メーカーの経営者たちは、「半導体の業績が悪いから会社の業績が悪い」と喧伝《けんでん》していた。マスコミはこの言葉を信じて、半導体は斜陽産業であり、いかに抜け出すかが総合電機メーカーの飛躍につながると報道した。

経営者たちの言葉を信じたがゆえに「半導体＝斜陽産業」という図式がマスコミのなかにでき上がってしまった。実際には、半導体は斜陽産業などではなく、単に経営者たちがＩＴ化への動きに鈍感だっただけなのだ。

大学生や大学院生の親たちもマスコミの情報を真に受けて、「半導体企業には就職しな

いほうがいい」と考えたようだ。こうした風潮を半導体の研究をしていた教授たちは苦々しく思っていた。半導体研究室を卒業した優秀な若者たちは、専門分野を学んだにもかかわらず、〝斜陽産業〟の半導体関連の企業に就職することを避けて、金融やコンサルティングなどのサービス産業に従事することが増えていった。

新型コロナで露呈したアナログさ加減

ＩＴ機器の生産で後れをとった日本は、ＩＴ機器をベースにしたデジタルサービスの波にも乗り遅れた。新型コロナ流行の時、感染者数の報告としてファックスを使って情報をやり取りしているという報道に、世の中の人たちは愕然《がくぜん》としたことだろう。普通のビジネスパーソンやオフィスワーカーなら、当たり前のように電子メールで顧客や顧客になりそうな潜在顧客とやり取りをしている時代である。一部の役所や地方自治体などは特に遅れているようだった。

筆者の実体験を一つ紹介しよう。筆者は２０２２年頃、微熱を感じて簡易検査キットを試したところ陽性と出た。同年にはコロナも収束し始め、取材はオンラインではなくリアルでの面会が増え始めていて、メディアブリーフィングや記者会見などへの参加で感染したのかもしれない。

簡易検査キットで陽性と出たので保健所に電話で連絡して届け出をしたが、病院を紹介してくれないため、病院は自力で探すことになった。保健所に名前を登録した後、病院に出向きＰＣＲ検査を行なって陽性を確認した。ところが、病院で保健所から送られてきた連絡を見たら筆者の名前が間違って伝わっていたのだ。筆者が入力したデータをそのまま保健所のデータとして使えば問題ないのに、わざわざ入力をし直し、しかもミスをしていたということだ。

このようなことはどうやら日常茶飯事で起きているようだった。この頃、保健所がひっ迫して悲鳴を上げている報道を見かけたが、そのうちのいくらかはこうしたアナログな作業によるものが影響していたのかもしれない。

こうした業務は、例えばＲＰＡ（Robotic Process Automation）技術を使えば、データ転記を自動変換できるうえ、ミスは消え労働時間も短縮できる。ソフトバンクは、ＲＰＡを使って年間の登録打ち込み時間をゼロに減らし、年間残業時間を１万５０００時間削減したという例を発表している。

ＩＴを利用するということは、パソコンやスマホを使いこなすことではない。ＩＴは、業務をできる限り自動化して無駄な作業を減らすために使うものなのだ。

「国のＩＴの遅れ」イコール「半導体の遅れ」

前項のような話は保健所に限ったことではない。他の行政機関でもアナログ的な慣習は多く、日本のＩＴの遅れはまだまだ続きそうだ。

デジタル化やデジタルトランスフォーメーション（ＤＸ）とは、「パソコンを揃えること」といった間違った認識を持つ人たちもいまだに多い。ＡＩやIoT（Internet of Things）を利用することによって、これまで気がつかなかった改善点が見つかるなど、とても有益なツールなのだが、そのことがほとんど認識されていないようだ。

また、ＳＮＳを利用した犯罪も増えてきたため、「インターネットやＩＴは怖い」と言って、スマホやパソコンを持たない人たちも、年代や地域によっては一定数いるようだ。これはＡＩについても同様で、「ＡＩは危険」といった一面的な捉え方をしている人もいる。もちろん、ＡＩにはそういったリスクの側面はあるが、同時にそれに対処する技術も

デジタル化：デジタル投資

- **日本のデジタル投資額は、1994年からほとんど増えていない**一方、米国は約3.5倍に増大。
- **デジタル投資額とGDPの動きは、ほぼ連動**しており、デジタル投資の遅れが、「失われた30年」の大きな原因。

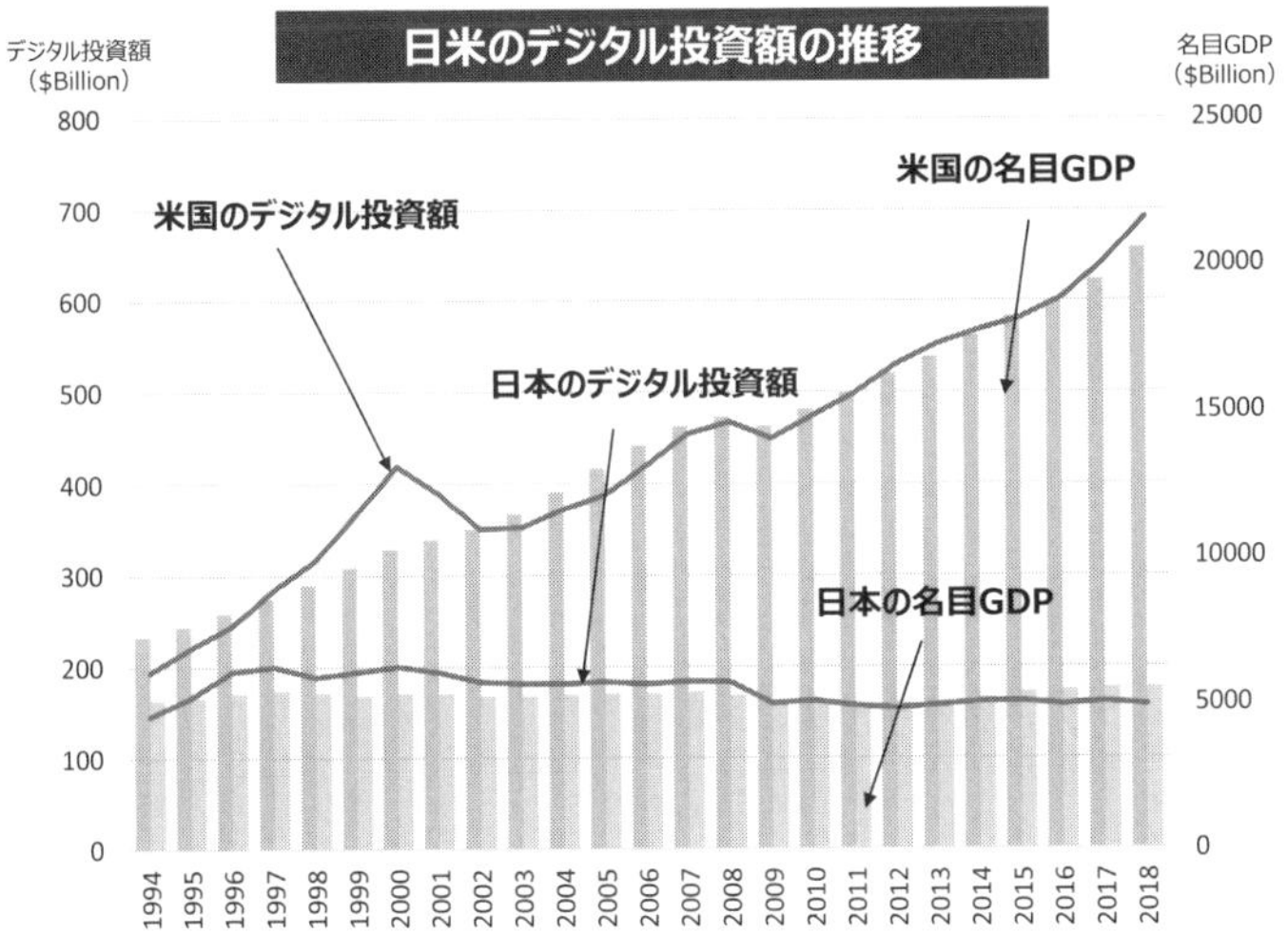

（注１）1ドル=100円で計算
（注２）デジタル投資額はOECD Statに掲載されているハードウェア投資とソフトウェア投資の合計値

（出典）OECD、内閣府、米国商務省を基に作成

資料4-6 日米のデジタル投資額とGDPの推移

生まれていることは周知されていない。

ＩＴやＡＩについての理解不足によって、日本のＩＴは世界のなかで遅れてしまっている。

国としてのＩＴの遅れは、実は半導体の遅れとまったく同じである。産業技術総合研究所がＯＥＣＤ、内閣府、米国商務省のデータをもとに、日米のデジタル投資額とGDPとの関係に注目して資料を作成している（資料4-6）。それによると、デジタルへの投資額は1994年から2018年に至るまで米国では着実に増加しているのに対して、日本ではまったく増えていない。

米国のデジタル投資は増加しているが日本はまったくフラットで、この傾向はGDPも同様である。この資料からいえることは、日本はIT産業を振興させるための手を早急に打たなければならないということだ。2023年日本のGDPは、591・5兆円。インバウンド需要の獲得も大事だが、観光資源はGDPの1%以下なのに対して、製造業は2割だ。日本のGDPを増やし、国を豊かにするためには半導体とITへの投資を増やすことが重要といえる。最近、経済産業省はラピダス設立以外にも、TSMCとのコラボのための誘致などで半導体産業を支援しており、以前と比べると、少しはよくなる可能性を秘めている。

製造装置メーカーは、国内に見切りをつけて海外で成長

よく言われていることだが、日本の半導体メーカーは弱体化したものの、半導体製造装

置企業（東京エレクトロン、SCREEN、アドバンテストなど）や、半導体材料企業（イビデン、ＪＳＲなど）は世界のなかでも非常に強い。日本の半導体が強かった時代には、半導体メーカーと製造装置メーカーが組んで製造プロセスを開発していた。半導体メーカーが弱体化したのに製造装置や材料はなぜ強いのか。

それは、製造装置企業や材料企業が日本の半導体メーカーに見切りをつけて、外国メーカーを顧客に取り込むことに成功したからである。これは日本の半導体メーカーの自滅によるものでもある。

日本の半導体メーカーは、必要な時に必要な設備投資を行なわなかった。設備投資とは、製造装置や材料に投資することである。半導体の製造は設備投資を絶えずしていかなければ、競争に勝てなくなる。毎年毎月、技術の進化が続いているからだ。

製造装置メーカーから見ると、日本の半導体メーカーが設備投資をしてくれなければ、国内では生き残っていけない。

韓国のサムスンや台湾のＴＳＭＣ、米国のインテルなどは、適切なタイミングで適切な投資を続けてきた。日本の半導体製造装置企業が、韓国や台湾、米国などへ顧客を求めることはごく自然の流れだった。現在、日本の半導体製造装置企業や検査装置企業などの全社売上額に対する海外売上比率は50％を超えているところが多い。東京エレクトロンは90％前後が海外売り上げであり、半導体テスターメーカーのアドバンテストの海外売り上げは95％前後となっている。

広告主に気を使って、メディアは報じなかった

日本の半導体メーカーは、適切な投資をしなかったために国内の製造装置企業などから見切りをつけられたが、それだけではなかった。日本の半導体メーカーは、外資系の半導体製造装置企業からの評判も非常に悪かった。

日本の半導体メーカーはグローバルなルールから逸脱していて、金払いが悪かったのだ。装置を製作し、納入してもすぐには支払いをしなかった。装置を納入した後、検収といって装置の性能や能力などをチェックし、歩留まり良くウェーハ（半導体製造で処理する円盤状のシリコン結晶）を加工できるかどうかを確認する作業がある。検収期間は半年から1年に及ぶこともあった。

日本の半導体メーカーは検収が始まっても金を支払ってくれないため、製造装置企業の

なかには資金繰りに困るところも出ていたほどだ。それに対して、ＴＳＭＣやサムスンは納入後すぐに価格の70～80％の支払いを済ませ、残金は検収後に支払っていたのだ。当然のことだが、製造装置企業は金払いの良い顧客を優先する。

外資系の製造装置企業は、日本の半導体メーカーの金払いの悪さを日本のメディアに訴えたが、採り上げるメディアは極めて少なかった。日本の半導体メーカーは大手総合電機メーカーであり、メディアにとって主要な広告主だ。広告主に気を使ったメディアが多かったのであろう。こういった日本独特の商習慣もまた、外資系企業にとっては馴染みにくい文化だった。

日本ユーザーの要求をクリアすると、世界でも通用する

製造装置や材料は、それを使う半導体メーカーと一緒に共同開発することが多い。日本の半導体メーカーは装置や材料に対する要求が非常に厳しかった。半導体製造プロセスでは、エッチングや化学薬品を多用するため、それらに耐える必要がある。製造プロセスでは、リソグラフィからエッチング、洗浄などさまざまな工程を通るため、他のプロセスで

腐食されてはまずい。さまざまな工程でも使えることが前提となる。このため半導体メーカーと材料企業がやり取りを繰り返す。日本の半導体メーカーは品質要求が特に厳しいと言われていた。「もっとも厳しい日本のユーザーの要求をクリアすると、世界でも通用する」とよく言われていたのだ。

日本には半導体メーカーが少なくなってきたため、日本の製造装置企業は海外に活路を見出した。ただ、厳しい目をもった日本のユーザーがいない状態で高品質を追求するのは容易なことではなく、製造装置メーカーはかなりの苦労もしてきたようだ。

エヌビディア創業時、日本企業はまだ上位にいた

エヌビディアが創業された1993年は、日本の半導体がまだ強かった時代である。世界の半導体企業売上額ランキング（資料4-7）では、上位10社のうち、日本の半導体メーカーは5社も入っている。1位こそインテルにとられたが、2位NEC、4位東芝、5位日立製作所、8位富士通、9位三菱電機、という順だった。2012年には東芝が5位、ルネサスエレクトロニクスが6位に入るのが精いっぱいで、2018年以降はトップ

順位	1993	1999	2006	2012	2018	2022
1	インテル	インテル	インテル	インテル	サムスン	サムスン
2	NEC	NEC	サムスン	サムスン	インテル	インテル
3	モトローラ	東芝	TI	クアルコム	SK ハイニクス	クアルコム
4	東芝	サムスン	東芝	TI	マイクロン	SK ハイニクス
5	日立製作所	TI	STマイクロ	東芝	ブロードコム	ブロードコム
6	TI	モトローラ	ルネサステクノロジー	ルネサスエレクトロニクス	クアルコム	マイクロン
7	サムスン	日立製作所	ハイニクス	SK ハイニクス	TI	AMD
8	富士通	インフィニオン	AMD	ST マイクロ	ウェスタンデジタル	エヌビディア
9	三菱電機	STM	フリースケール	ブロードコム	ST マイクロ	TI
10	IBM		NXP	マイクロン	NXP	メディアテック
出典	Gartner Dataquest	Gartner Dataquest	iSuppli	iSuppli	Gartner	Omdia

資料4-7　世界の半導体企業のトップ10ランキングの推移（薄い色は日本企業）

10から消えた。

ここでは、世界半導体企業トップ10ランキングを整理しながら、日本の半導体メーカーの状況とエヌビディアの歴史を見ていこう。

ここまで書いてきたように、日本の半導体メーカーがトップ10から消えた理由はいくつかあるが、近年もう一つ新しく加わった要因は円安である。

2023年の日本の半導体メーカーは、ソニーセミコンダクタソリューションズが1兆5530億円、ルネサスエレクトロニクスが1兆4694億円を売り上げたが、1ドル＝150円以上という超円安のため、ドル換算した売上額では、メディアテック（台湾）、インフィニオン（ドイツ）、STマイクロエレクトロニクス（スイス）からも大きく離されている。

日本円だけで評価するのであれば、売り上げが上がったように見えるが、円をドルに換算して比較されると大きく見劣りする。当たり前だが円高になればその逆となる。

例えば、1984年には日本の半導体メーカーは4位、5位あたりにいたが、1985年のプラザ合意で円高が容認された途端に、日本のメーカーが1位、2位に躍り出た。この時は円が高くなったために、日本企業のドル換算の売上額が増えたのである。今はその逆なので、円安が日本企業の価値を下げることになる。

1999年は3社、2018年以降はゼロに

エヌビディアが初めてGPUを本格的に出荷した1999年に、日本の半導体メーカーでトップ10に入ったのは、NEC、東芝、日立製作所の3社に減ってしまった（資料4-7）。2006年に、エヌビディアはソフトウェア「CUDA」を誕生させた。3Dコンピュ

ータグラフィックスを描くためには、１枚の絵を小さなブロックに分割し、それらを同時に並列処理で描いていく手法をとる。それによって、絵を描くスピードを上げているのだ。この処理を行なうために、チップ上には並列演算を行なうブロックが多数並んでいる。並列演算のブロックを効率よく動かすために開発されたソフトウェアがＣＵＤＡなのである。

この年には、トップ10に入った日本の半導体メーカーは、東芝とルネサステクノロジー（日立と三菱電機の半導体部門が統合）の２社だけとなり、ＮＥＣは圏外の11位に落ちた。

２０１２年には、55ページでも触れたように今日のＡＩの火付け役となったニューラルネットワークをモデルにした機械学習 AlexNet が登場した。この年のトップ10に入ったのは、東芝とルネサスエレクトロニクス（ルネサステクノロジーにＮＥＣエレクトロニクスが加わった）の2社にとどまった。

２０１７年には、トップ10に残っているのは東芝1社になってしまった。東芝は、親会社の都合によって、利益の出ていたメモリ部門が分社化され、２０１８年に独立している。独立前は、メモリ部門とメモリ以外の部門の合計でかろうじて東芝がトップ10圏内に残っていたが、分社・独立した２０１８年以降、日本メーカーはトップ10ランキングから完全に消えてしまったのだ。

ＴＳＭＣやサムスンからの出資要請を断っていた

日本の半導体メーカーは、日本が好調だったバブル経済期には驕《おご》り高ぶっていた面もあり、「驕る平家は久しからず」につながったともいえる。

ＴＳＭＣは１９８７年に半導体ビジネスを始めたが、政府の出資額は資本金としてまったく足りないため、同社創業者のモリス・チャン氏はインテルをはじめ世界の半導体各社に出資を依頼して回ったが、１社を除きどこも投資してくれなかったという。もちろん日本にもきたが、日本のすべての半導体企業は出資を断っている。唯一、オランダのフィリップス社だけが27％分を出資した。

サムスンがＤＲＡＭ（ディーラム、Dynamic Random Access Memory）のライセンスを求めた時も断った。サムスンはやむなくアメリカのマイクロン社とライセンス契約し、日本のエンジニアを一本釣りして土日のアルバイト（毎月のバイト料が40～50万円と給料よりも高かった）としてサムスンに呼び寄せていたという話は、半導体業界ではよく知られている。

こうして他社からの協力要請を断った日本の半導体メーカーが凋落《ちょうらく》していく間に、エヌビディアは大きく成長していた。

エヌビディアの快進撃を支えたビジネス戦略は、AlexNetが登場した２０１２年以降、ＡＩに熱心に取り組んだことだ。エヌビディアは、ＧＰＵをゲームだけではなくスーパーコンピュータやデータセンターなどの数値演算にも活用し、さらにＡＩのモデルとなっているニューラルネットワーク演算にも広げていった。

エヌビディアは、２０１４年に19位、２０１５年に18位、２０１６年に13位、そして２０１７年には10位になり、トップ10入りを果たしたのだ。

その後もエヌビディアの躍進は続き、２０２２年には8位にランクを上げ、２０２３年にはインテル、サムスンとさほど変わらない売上額で3位となった。いまや「生成ＡＩにはエヌビディアのＧＰＵが欠かせない」という認識が広まっており、需要が多すぎて対応できていない状態となっている。

資料4-8 液晶画面にメーターをグラフィックスで表示

富士通もGPUを開発していた

実は、日本メーカーでもGPUを開発していたところがあった。富士通の半導体部門である。富士通の半導体部隊は、自動車のインパネ（最近はコックピットともいう）に使うグラフィック表示の実用化を目指し、GPUを開発していた。2012年に富士通が発行した技術誌『FUJITSU』にその記事が載っている。

当時富士通は、車載カメラ映像の視認性向上処理技術をはじめとして、クルマのインパネを従来のアナログ針式のタコメーターとスピードメーターではなく、液晶などの平面ディスプレイで表現することを目指していた。

その富士通とアプローチは異なるものの、エヌビディアもＡＩを手掛ける前に自動車のインパネを液晶ディスプレイで表示するグラフィックス（資料４‐８）のチップを開発していた。現在は、アナログ針式のメーターから液晶を使ったグラフィックス表示に替わりつつあるが、当時はコスト的にも無理があった。

富士通のインパネ用グラフィックスチップは、同社のマイコン部門が、マイコンにＧＰＵを集積させて開発したチップだ。小規模なグラフィックス機能であったが、インパネ用途には十分で、製品化までいった。

資料4-9 スパンションのCEOだったジョン・キスパート氏

ところが、富士通の経営陣は、半導体部門を解散もしくは外部へ売却することばかり考えていたようだ。

「もし」という言い方が許されるなら、富士通経営陣が半導体ビジネスの特性をきちんと理解して、富士通半導体をファブレスとして独立させていたなら、今頃はＧＰＵでエヌビディアと競っていたかもしれない。もちろん、56ページで触れたエヌビディアのようにＧＰＵをＡＩの演算に応用できるという気づきは必要だが。

しかし現実は違った。2013年4月、富士通のマイコンとアナログIC部門は米スパンション社に売却された。スパンションは、AMD社と富士通が合弁でNOR型フラッシュメモリを開発していた会社だったが、一度倒産の憂き目に遭っている。その時に再建したのは、CEOとなったジョン・キスパート氏（資料4－9）だ。同氏がスパンションを立て直し、富士通が持っていたグラフィック機能付きのマイコンを「Traveo」というブランド名で生き返らせた。同氏は常に社員を鼓舞していた。「日本のエンジニアはtremendously excellent（ものすごく優秀）」という言葉をインタビューのたびに連発していた。

外資に買収されて、やる気が出るエンジニアたち

富士通からスパンションに移ったエンジニアのなかには、富士通時代に上司から「富士通のプロセス開発は40㎚（ナノメートル）で終わり。これ以上開発するな」と言われて、やる気を失った人もいたという。スパンションに移った元富士通社員たちが「買収されて良かった」「ファブレスになったのだから、28㎚でも22㎚でもどんどん開発してくれと言

われ、俄然やる気が出てきた」と言っているのを筆者は取材を通じて聞いたことがある。なかには、決定前に「早く買収されないかな」という声も実際に耳にした。

その後、彼らはさらに企業買収を経験することになる。２０１５年６月にスパンションは、サイプレスセミコンダクタ社に買収された。そのため元富士通社員もサイプレスに移り、開発を続けた。サイプレスはもともと持っていた簡易なマイコンpSoC（プログラマブル・システム・オン・チップ）シリーズに、買収によって得たスパンションのＮＯＲフラッシュと富士通系のグラフィックス機能内蔵マイコンを加えることができた。こうして、サイプレスは参入しにくかった自動車向け製品を手に入れることができ、新市場に参入できるようになった。

サイプレスがもともと持っていたCapsenseと呼ぶ、スマホに内蔵されているタッチセンサー信号処理ＩＣと組み合わせることで、自動車向け製品のポートフォリオは充実した。

そして２０２０年4月には、そのサイプレスがドイツのインフィニオンテクノロジーズ社に買収された。このように買収が続いたものの、元富士通のエンジニアたちはインフィニオンに移った現在も活躍している。

第5章

工場を持たない、設計に特化したファブレス企業

1985年頃から現れた、画期的な会社たち

ここからは、エヌビディアが半導体企業として推進してきた「ファブレス」という形態について解説しよう。1985年頃から米国を中心に半導体ビジネスにファブレスという形態が現れた。製造工場を持たない代わりに設計だけに注力し、独自の特長を盛り込むICを生み出すビジネスである。

ファブレス企業は設計しか行なわないため、製造工場を持つメーカーに依頼し、設計図（フォトマスク）にもとづいた製造をしてもらっていた。当時、工場を持つ企業は、自社で設計した半導体の製造も行なっていたので顧客からの設計図については秘密厳守で生産していた。もちろん守秘義務契約を結んでいた。

こうした状況に注目した東洋系のベテランエンジニアがTSMCの創業者であるモリス・チャン氏だった。完全独立・製造専門の製造請負ビジネス（ファウンドリ）の工場を台湾で立ち上げた。自社製品を持ち、製造工場も持つインテルやNEC、日立、東芝など半導体メーカーは、「製造ではなく、設計にこそ半導体ICの価値がある」と思っていた

ため、ファウンドリサービスを始めたTSMCを傍観していた。

台湾では、政府系の工業技術研究院（ITRI）が技術を移転し、政府も一部出資して設立したUMC（ユナイテッド・マイクロエレクトロニクス）が半導体ビジネスをすでに始めており、設計も製造も行なうIDMという形態を当初は採っていた。そこに製造サービスだけのファウンドリとしてTSMCが加わった。

当時は、すべての半導体企業が設計も製造も手掛けていた。AMDもその頃は工場を持っており、AMDの創業者ジェリー・サンダース氏は、「男なら工場を持て」と言い放っていたほどである。

少額で始められるビジネス

工場を持たないスタートアップのファブレス企業は、1985年前後に雨後の筍《たけのこ》のように続々と誕生した。筆者の知り合いの米国人ジャーナリストは、「まるでスタートアップフィーバーだね」と表現した。当時、ディスコティック映画『サタデー・ナイト・フィーバー』が流行っており、「フィーバー」という言葉が流行していたから、『サタデー・ナイト・フィーバー』をもじって「スタートアップフィーバー」と表現したのだろう。

ファブレスの代表的な企業には、FPGA（Field Programmable Gate Array：現場で書き換え可能な論理回路を多数配列したIC）を手掛けていたザイリンクス社やアルテラ社、携帯電話向けのモデム（変復調IC）を手掛けていたクアルコム社などがある。ファブレス企業は工場を持たないため、土地や建物、高価な製造装置などは必要なく、少額で半導体ビジネスを始めることができ、設計に注力することができた。

エヌビディアは少し遅れて、1993年に創立された。創業者の一人ジェンスン・ファン氏は、AMD社とLSIロジック社で半導体エンジニアとしての経験を積んできたが、AMDもLSIロジックも当時はまだ工場を持っていた。

やがてAMDもLSIロジックもファブレスとファウンドリに分離され、AMDはファブレスに、製造部門はグローバルファウンドリーズ社になった。LSIロジックはLSIと名前を変えてファブレスになり、製造部門は処分した。多くの新興ファブレス創業者は、資金の余裕がないため、ファブレスを選んでいた。エヌビディアもその一社だった。

順位	2009	2011	2021	2023 Q1	2023 Q2	2023 Q3
1	クアルコム	クアルコム	クアルコム	クアルコム	エヌビディア	エヌビディア
2	AMD	ブロードコム	エヌビディア	ブロードコム	クアルコム	クアルコム
3	ブロードコム	AMD	ブロードコム	エヌビディア	ブロードコム	ブロードコム
4	メディアテック	エヌビディア	メディアテック	AMD	AMD	AMD
5	エヌビディア	マーベル	AMD	メディアテック	メディアテック	メディアテック
6	マーベル	メディアテック	ノバテック	マーベル	マーベル	マーベル
7	ザイリンクス	ザイリンクス	マーベル	ノバテック	ノバテック	ノバテック
8	LSI	アルテラ	リアルテック	リアルテック	リアルテック	リアルテック
9	ST エリクソン	LSI	ザイリンクス	ウィルセミコンダクター	ウィルセミコンダクター	ウィルセミコンダクター
10	アルテラ	アバゴ	ハイマックス	MPS	MPS	シーラスロジック

資料5-1　ファブレス企業の売上額ランキング（薄い色は台湾企業）

ファブレス企業の売上額トップ10ランキング

資料5－1はファブレス企業の売上額トップ10ランキングの推移を示したものだ。2009年時点ではエヌビディアはメディアテックに次ぐ5位だった。少しずつ順位を上げ、2023年の第2四半期（Q2）以降はトップに立った。

この資料で目立つもう一つの点は、台湾のファブレス企業が次々と成長し、トップ10のなかに増えてきたことだ。また、中国のファブレス企業であるウィルセミコンダクターが9位に入るほど成長してきたことも特長といえる。

“How to make”から“What to make”へ

ファブレス企業の強みは、「何を作るか」にフォーカスしていることである。1990年頃から半導体ビジネスは、「どうやって作るか（How to make）」から「何を作るか（What to make）」に重心が移ってきていた。半導体がメモリのような大量生産品から、SoCやセミカスタム製品など少量多品種の時代に移っていたこととファブレスという形態は符合している。

ファブレスが増えてきたことで、設計も製造も行なっていた従来型の半導体企業の形態はIDMと呼ばれるようになった。次第に、IDMからファブレスへの移行も増えてきた。米国ではAMDやLSIロジックの他にも、オーディオ用ICを手掛けているシーラスロジック社などは、IDMから工場を処分して徐々に「ファブレス（設計のみで生産設備を持たない）」や「ファブライト（製造も行なうが少しだけ工場も残す）」に移行して、工場を処分するか、あるいは工場の規模を小さくしてきた。しかし、最終的にはすべてファ

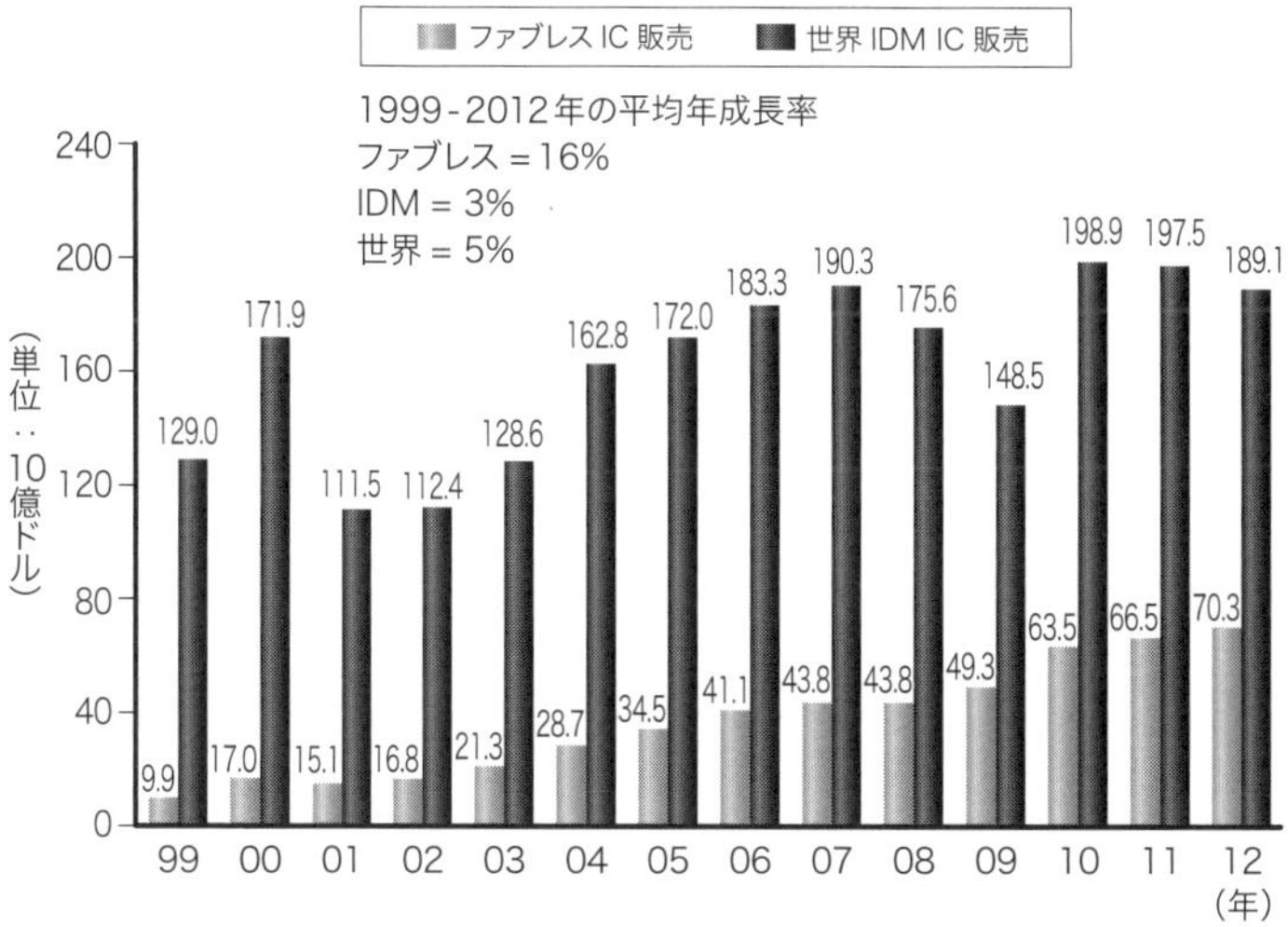

資料5-2 ファブレスと世界全体のIC販売比較

ブレスになっている。

ちなみに、日本のルネサスエレクトロニクスは、工場を持ってはいるが設計に力を入れるファブライトという形態を採っている。

ファブレスのほうが半導体企業として成長率が高い

ファブレス企業の進展は、市場調査会社のＩＣインサイツ社が発表していた資料（資料5－2）を見るとよくわかる。ＩＣインサイツがテックインサイツ社に買収されて以来、資料が表に出ることはなくなってしまったため、データは２０１２年までしかないが、古いながらも一応これが最新資料となる。

この資料で示していることは、世界の半導体企業の1999年から2012年までのCAGR（年平均成長率）が5％であったのに対して、ファブレス半導体企業のそれは16％もあったということだ。

ファブレスという企業形態のほうが半導体企業として成長率が高いことを示しており、半導体産業全体が沈む年でさえ、大きく沈まずフラットで耐えていることがわかる。なお、2020年のファブレス企業の売上額は半導体企業全体の33％、すなわち3分の1を占めるようになった。

IDMの形態を保って成功した非メモリ企業は唯一インテルだけだった。インテルのCPUの平均単価は2000年代初めでさえ、40ドルもあった。DRAMは1・5〜2・5ドルくらいの単価であり、日本のDRAMメーカーはインテルにかなわなかった。そのインテルも、トップを維持できたのは2015年くらいまでだった。その後、CEOが女性問題で失脚したり、技術的なバックグラウンドのない人たちがCEOになったりするなど社内問題が表面化し、パソコン市場が飽和してきたこともあって、もはや常勝というわけにはいかなくなった。

日本は工場にこだわりすぎた

日本はファブレスとファウンドリの分業の波にまったく乗れなかった。

ファブレスの成長率のほうが高いというデータを知っていたはずだが、ＩＤＭの形態に強いこだわりを見せていた。「世界はそうかもしれないが、日本には日本のやり方がある」という言葉は耳にたこができるほど聞いた。その結果は第４章でも書いたように、多くの日本の半導体メーカーは、沈み続けていることに気がつかなかったのだ。

工場を持つことにこだわりすぎたため、工場維持にかかるコストに耐え切れず、工場を処分する方向で企業を再構成（リストラクチャリング）し始めた。

最大の疑問は、半導体の価値が設計側にシフトしているということを知りながら、なぜ工場にこだわり続けたか、である。工場に対する強いこだわりが、「工場を閉鎖するくらいなら、半導体事業そのものを閉鎖する」という単純な論理につながってしまったようなのだ。こうして日本の大手半導体メーカーは、工場を閉鎖して完全なファブレスに移行するということができなかった。

日本の半導体メーカーのもう一つの失敗は、ＤＲＡＭを捨て、安易にシステムＬＳＩ（今はＳｏＣ）に移行したことだ。システムＬＳＩに移行したものの、システムＬＳＩの特性を大手半導体メーカーの経営陣は誰一人理解していなかったようだ。

システムＬＳＩは少量多品種の製品である。それにもかかわらず、工場ラインを少量多品種生産向けにしなかったのである。それまで生産していたＤＲＡＭは大量生産製品であり、ピーク時には月産２０００万個も製造していた。システムＬＳＩに移行してからも、例えば「月産数十万個以上の製品でなければ受注しない」というような方針を貫いてきたため、工場ラインは埋まらず閑古鳥が鳴くようになっていった。

ブランドにこだわりすぎたことも敗因

米国のＩＤＭは、ファブレスへの移行あるいはファウンドリとの分離などに向かっていた。日本の半導体メーカーは、ファブレスあるいはファウンドリへの移行を推進してこなかった。ファウンドリには「下請け」というイメージが付きまとい、それを嫌ったことも一因になっていただろう。半導体部門の親会社である総合電機の経営者は、ブランドを重視し、黒子となる下請けへのシフトを考えなかったようだ。

それに対して台湾では、あくまでも「ビジネス」と割り切って、ブランドを重視しない戦略を持つ企業が多かった。かつてエイサーやコンパルなどの企業は、米国のパソコンメーカーのデルやＨＰ、コンパックなどから製造を請け負っていた。自らのブランドであるかどうかはまったく気にしなかったのだ。米国から請け負うパソコンの生産が落ちてきたため、エイサーも自社ブランドを出すようになっただけである。台湾企業はいつも、ブランドにこだわらない姿勢を見せてきた。

日本の半導体メーカーは大量生産のＤＲＡＭ製品を捨て、少量多品種のシステムＬＳＩ製品へとシフトしたにもかかわらず、従来型の工場を持ち続け、やがてその負担に耐えられなくなった。工場をどこかに売却するという選択をしてファブレスの道を採ればよかったが、売却ではなく事業を閉鎖するという道に行き着いた。そのため財務状況は悪化してしまったというわけだ。

ＶＬＳＩ設計の教科書がファブレスの成長を後押し

ファブレスが大きく成長できた理由の一つは、複雑なＩＣチップを設計する手法が米国で生まれたことである。

１９７８年、ＶＬＳＩ（Very Large Scale Integration：大規模集積回路）の設計手法を解説した教科書（Introduction to VLSI Systems）が出版された（資料5－3）。執筆したのはカリフォルニア工科大学のカーバー・ミード教授と、ゼロックス研究所のリン・コンウェイ氏（資料5－4）の２人だ。半導体研究者のミード教授とコンピュータアーキテクトのコンウェイ氏は、１９８０年頃に雑誌『Electronics』誌から半導体産業への貢献に対して表彰を受けた。ミード教授は、ＶＬＳＩシステム設計の指導原理の構築と確立への先導的貢献に対して、２０２２年の「京都賞」（稲盛財団）も受けている。この教科書によって、ＩＣの設計手法が確立され、ファブレス企業の誕生の後押しとなった。

日本企業が強かった製品はＤＲＡＭであり、社内向けのアナログＩＣなどであった。ＤＲＡＭは設計が単純で、一つのメモリセルの設計を完成させれば、それをひたすら並べて

資料5-3 通称「ミード／コンウェイの教科書」

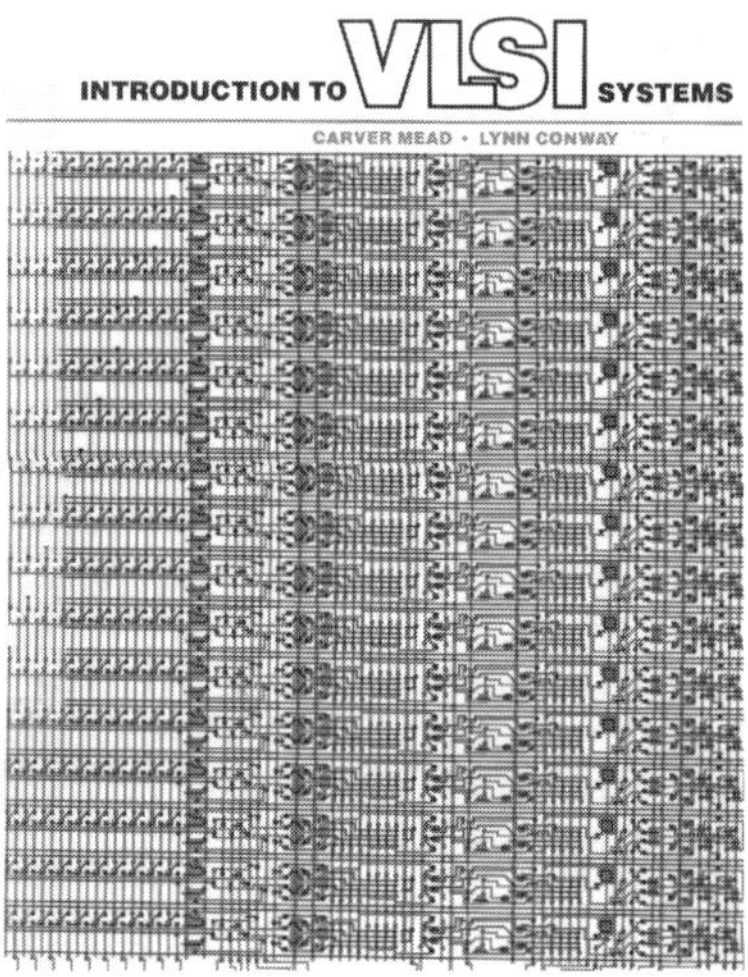

資料5-4 リン・コンウェイ氏

いくだけでよかった。アナログＩＣの設計は簡単ではないものの、集積度が低いため試行錯誤での設計が可能だった。しかし、１９９０年代以降は集積度の向上で設計が極端に難しくなり、ミード／コンウェイの教科書がなければとても設計できなくなっていた。

２０２４年６月に米カリフォルニア工科大学で講演したエヌビディアのファアン氏は、ミード／コンウェイの教科書でチップ設計を勉強したと述べている。

ちなみにミード教授は、この教科書の他に、半導体の物理的限界等の論文を発表したり、ＧａＡｓ（ガリウムひ素）半導体を開発したりするなど、半導体の世界では有名だった。もう一人のリン・コンウェイ氏はこの教科書を著《あらわ》したのち、なぜか表舞台から姿を消してしまった。

実は筆者は、1980年頃にニューヨークの出版社マグロウヒルでミード教授とコンウェイ氏に面会したことがある。この出版社が「産業界に与えたインパクトは大きい」とこの2人を表彰した。その出版社にいた仲のいい編集者の計らいで両氏に会う機会に恵まれたのだ。コンウェイ氏は、背の高い女性という印象で、彼女もミード教授もとても優雅な雰囲気を醸し出していた。その時の会話でシリコンバレーの一画、パロアルトにあるゼロックス研究所のエンジニアとして働いていた頃に、ミード教授とともに先述のVLSIの教科書を執筆したと教えてくれた。

その後、彼女の物語を読んで初めて知ったのだが、生まれた時は男の子だったという。しかし自分の性に違和感を持ち、成人してからもその違和感が消えることはなかったようだ。米国の大手コンピュータ企業で新しいコンピュータの開発に従事していた時に性転換手術を上司に伝えると、即解雇されたという。その後についてはあまり詳しく触れられていなかった。

それが最近になって、ミシガン大学の教授を経て、LGBTを支援する活動を行なっていたことが明らかになった。しかし大変残念なことに、ごく最近2024年6月9日にお亡くなりになったという。86歳だった。

ファブレスの最大のメリットは「身軽さ」

ファブレス半導体企業は、ＩＤＭと違い半導体の設計だけに特化しているため、何を作るか、という課題に集中することができる。

スマホ向けのプロセッサでトップのクアルコムは、防衛産業で開発されてきた、盗聴されにくい拡散スペクトル方式を何とかして民生用に使えないものかと研究開発をし、ＣＤＭＡ（Code Division Multiple Access：符号分割多重アクセス）方式を完成させている。その後、携帯電話がアナログ方式からデジタル方式に移行した時に、ＣＤＭＡ方式を使った変復調（モデム）ＩＣを使った通信を普及させた。

３Ｇ（第３世代）のデジタル通信では、CDMA2000方式、W-CDMA方式に分かれたものの、いずれもＣＤＭＡ技術を使うため、３Ｇモデムを使う企業はすべてクアルコムに特許料を支払わなくてはならなくなった。クアルコムは３Ｇの特許に関する専門の組織を作り、技術開発の組織と分離した。

携帯電話機は、アドレス帳、個人データ、写真、メールなどさまざまな機能を載せるようになり、コンピュータによる制御を導入するようになっていった。そこで、クアルコムはモバイルプロセッサである「スナップドラゴン（Snapdragon）」という商品名のプロセッサを開発した。携帯電話がスマホに移行してからも十分に対応できるモバイルプロセッサとなり、アップルのiPhone以外のアンドロイド機種に対応できるようにした。

モバイルプロセッサ分野にはファブレスの台湾企業メディアテックも参入し、中国向けに成長し独自の地位を築いた。メディアテックは半導体企業のトップ10に入るまでに成長している。台湾というとファウンドリのことばかりが目立つが、このようにファブレスの企業もあるのだ。

日本のファブレス企業たち

エヌビディアも２０１０年頃、「Tegra」という商品名のモバイルプロセッサを開発し、タブレット市場に参入していた。しかし、スマホやタブレットの低消費電力には対応できず、成功したとは言えなかった。この市場は競争が激しいだけではなく、３Gでのクアルコム特許の問題もあり、エヌビディアはこの市場から撤退している。

ファブレスは身軽ゆえに、工場を設立するほどの資金がなくても、ある程度の資金さえあれば参入できた。メディアテックやクアルコムやエヌビディアなどが参入したが、依然として日本企業の出番は少なかった。

日本のファブレス企業として最初に設立されたのは、元東芝のエンジニアだった飯塚哲哉氏が設立したザインエレクトロニクスである。サムスンから、ディスプレイ制御インターフェイスＩＣを受注し、ファブレスの先駆者として注目された。三菱電機、リコーを経た進藤晶弘氏が設立したメガチップスは、一時日本のファブレストップになったこともある。

２０１５年３月に創業されたソシオネクストは、富士通とパナソニックのシステムＬＳＩ部門が統合して作られたファブレス半導体企業である。２０１８年に肥塚雅博氏がＣＥＯに就任し、海外からの受注を促進するようになり、最先端プロセスのＳｏＣの設計を手掛け、年間で２０００億円の売上額を達成できるくらいまでになった。しかしながら、超円安の現時点では（２０２４年5月）、ドルベースでの世界のトップ10にはまだ届かない。

海外のファブレス半導体企業には、それぞれ大きな特長がある。エヌビディアはＧＰＵ

とＡＩ、クアルコムはモバイルプロセッサとモデム、ザイリンクス（２０２２年にＡＭＤが買収）やアルテラ（２０１５年にインテルが買収）はＦＰＧＡと、それぞれ得意な製品を持っており、それらを核に成長し続けている。それと比べると、日本のソシオネクストはまだ半導体設計作業を受け持つデザインハウス的な業務が多いが、すでに海外の顧客をつかんでいて、なおかつ３㎚や５㎚など最先端の製品設計を担っている。

第6章

半導体とは何か

半導体はもともと材料の名前

半導体とは、半分導体という意味である。英語でもSemi-conductorと言って、同じ意味を表している。つまり、導体と絶縁体の中間の性質を持つものだ。導体は電気をよく流し、絶縁体はほとんど流さない。半導体はその中間に位置するから、そのように呼ばれている。

今では、半導体という言葉は、半導体集積回路（ＩＣ：Integrated Circuit）を指す言葉になっている。新聞やインターネットで使われている半導体という言葉は、ＩＣのことを指すことが多い。しかし、もともとの意味は、導体と絶縁体の中間の性質を持つ材料、という意味である。

半導体という材料が研究されていた19世紀から20世紀の初めに、「電気を流す導体と電気を流さない絶縁体の中間なら、人間の意のままに電気を流したり止めたりできるデバイスができるのではないか」という発想が生まれた。

本章はこれ以降、半導体物理学と電子回路をベースにした技術の記述が多いため、読み飛ばして次章に進まれてもかまわない。

n型とp型を組み合わせると電流を制御できる

材料の研究によって、原子の周期律表で1価と7価の真ん中にある4価の結晶材料が半導体になることがわかってきた。シリコン（Siケイ素）、ゲルマニウム（Ge）は4価の元素だ。

4価の元素は電気的にプラスにもマイナスにもなりにくいという特長がある。純粋な半導体は、実は絶縁体に近いものだ。その電気的に中性の4価の元素に、わざと5価の元素をほんの少し混ぜてみると、電流がとても流れやすくなることがわかってきた。同様に4価の元素に3価の元素をわずかに入れても電流が流れることが明らかになったのだ。ただし、3価の元素を入れた場合と5価の元素を入れた場合では、電流は逆向きに流れるということもわかった。

4価のシリコン（Si）に5価のリン（P）を1万分の1％程度入れて、電子が豊富な半導体になったものは、n型半導体と名付けられた。n型は、電子というマイナスの電荷を持つ粒子が流れるため、Negativeの頭文字のnが使われている。

逆に3価のホウ素（B）を1万分の1％程度混ぜた半導体は、p型半導体と名付けられた。また、p型は電子の抜け殻（正孔）が動くように見えるためプラスの電荷を持つ。Positiveの意からp型と名付けられた。

研究の結果、p型半導体とn型半導体を接合させ、p側にプラス、n側にマイナスの電池をつなぐと電流は流れ、その逆につなぐと流れないことがわかってきた。研究者たちは、「構造を工夫することによって、電流を流したり止めたりすることができるのではないか」と考えるようになった。

トランジスタの誕生

米ベル研究所のウィリアム・ショックレイ（1910〜1989）、ジョン・バーディーン（1908〜1991）、ウォルター・ブラッテン（1902〜1987）の3人の研究者は、n側にプラス、p側にマイナスの電圧をかけて電流が流れない状態にしておき、その間に電流を流す蛇口のようなものを設ける構造にして、p型半導体の真ん中にn型領域を

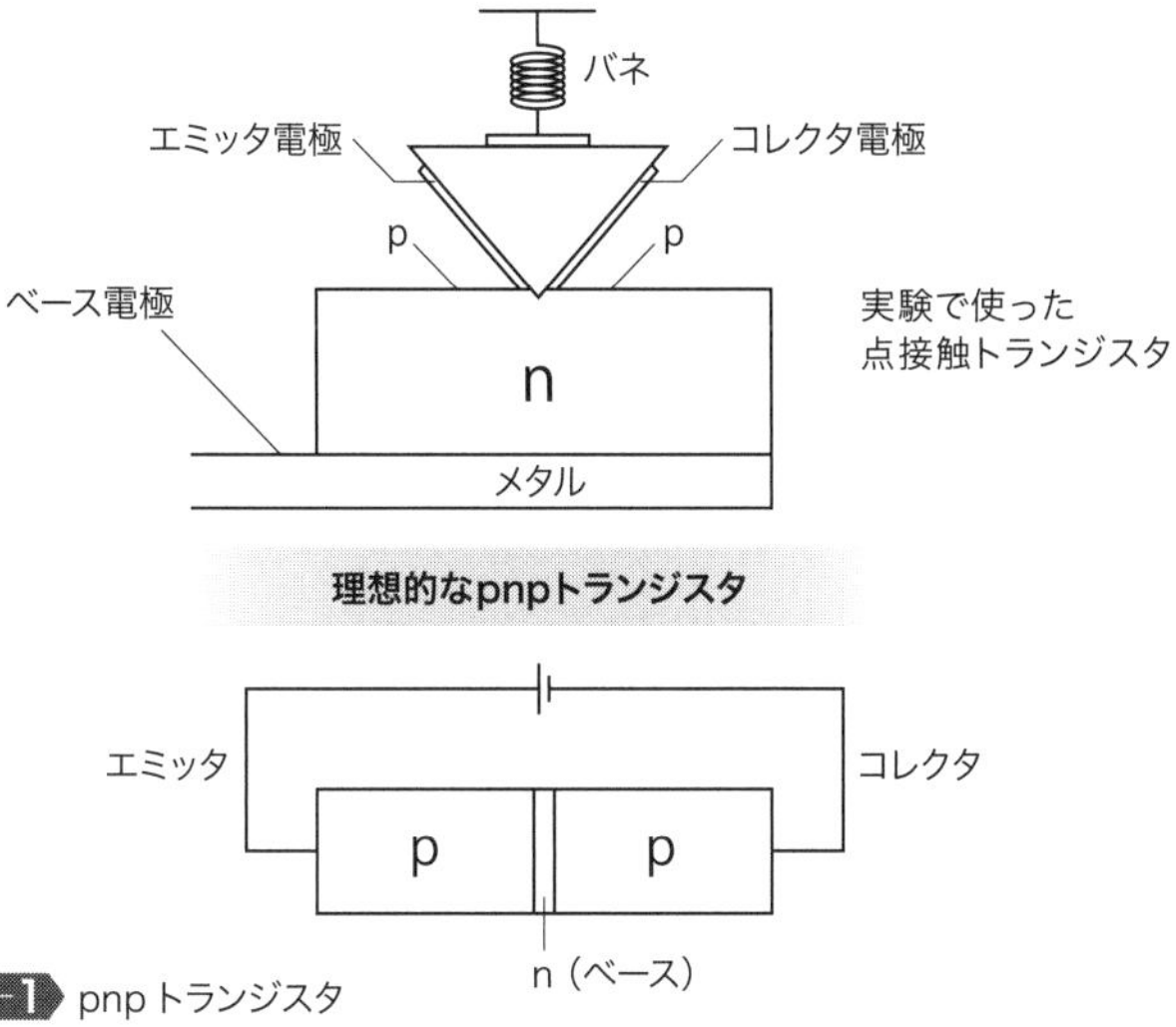

資料6-1　pnpトランジスタ

設ける構造にしてはどうかと考えた。ゲルマニウム（Ge）結晶を作り、p型－n型－p型という構造にしてn型部分を可能な限り薄くすることで、電流を流したり切ったりできるはず、と考えたのである。

実際、2つのp型部分に電圧をかけておき、真ん中のn型部分にマイナスの電圧を加えると電流が流れることがわかった。これがpnpトランジスタである（資料6－1）。

この発見には人間ドラマがあった。3人のうち、ショックレイが上司であるが、彼が出張で留守の時に2人の部下がトランジスタ動作を発見したのだ。ショックレイは歴史的な実験に立ち会えない悔しさでいっぱいだった。他方、部下2人の実験では、n型半導体をかろうじて点で接触させていただけなので、ショックレイは「工業的に安定した製品にはできない」と考えた。商用化するために必要なp型－n型－p型の半導体をしっかり接合させる構造のトランジスタが必要とショックレイは考え、接合型トランジスタを提案し、製品化することができた。

国防総省からの要請がきっかけで開発

ベル研究所がトランジスタを作るきっかけとなったのは、国防総省（DoD）からの要請だった。真空管の増幅器はすぐに壊れるため、真空を使わない固体（Solid-State）の増幅器を作ってほしい、という要請だった。

半導体が実用化される前は真空管で電子の流れを制御していた。真空管は文字通り、ガラス管のなかを真空にして、内部のヒーターを熱するとそこから多くの電子が飛び出してくることを利用した増幅器である。熱く熱するほどたくさんの電子が流れるが、消費電力も大きくなる。また、真空管はガラスの内部を真空にする構造なので、外形も大きくなる。メーカーが一所懸命に真空ガラス容器を小さくしようとしても限度があった。何より致命的なのは、寿命が短いこと。細いヒーターを熱するため、ヒーターが途中でぷっつり切れることが多かったことだ。そこで国防総省は、真空管ではない固体の増幅器を作ってほしいとベル研究所に要請したのである。

３人の研究者がゲルマニウム半導体を使ってトランジスタを発明したのは、１９４７年12月のことだった。電子式のコンピュータＥＮＩＡＣの研究も、ほぼ同じ頃の１９４６年にペンシルベニア大学で開発されている。電子式のコンピュータは真空管を何千本も使って、電流のオンオフを行ない1と0を表現していた。

しかし、真空管式のコンピュータは絶えず真空管を交換しなければならないほど、信頼性が低かったのだ。ここでもやはり固体の増幅器を求める声が強まってきており、接合型トランジスタが完成して以降、コンピュータにもトランジスタが使われ始めた。ただし、使用温度範囲が最大60〜70℃でしか、正確なトランジスタ動作をしなかったため、工業的にはゲルマニウムからシリコンにとって代わる。シリコンは１５０℃でも動作できるからだ。特殊用途では１７５℃に耐えられるものさえもある。やがてコンピュータにもシリコントランジスタが使われるようになった。

シリコン結晶のウェーハにトランジスタを形成するには、写真と同じように光を当てて

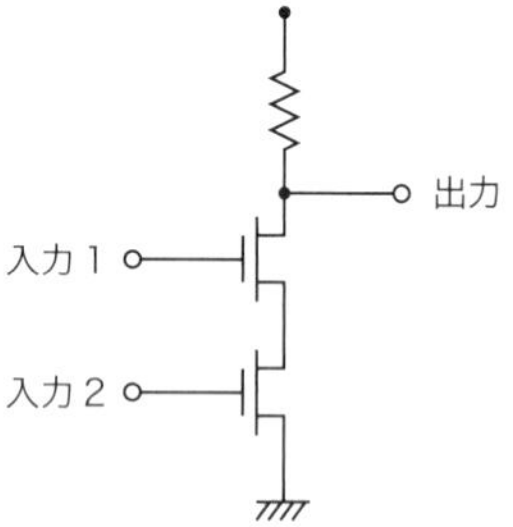

AND（NAND）

入力 1	入力 2	出力
0	0	1
1	0	1
0	1	1
1	1	0

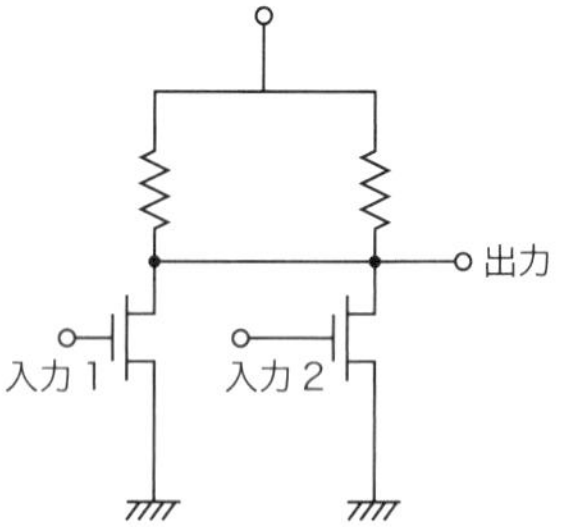

OR（NOR）

入力 1	入力 2	出力
0	0	1
1	0	0
0	1	0
0	0	0

資料 6-2 ANDとORの基本回路

現像することで、パターンを描くことができる、リソグラフィ技術が用いられた。ウェーハ上にトランジスタをアレイ状に並べ、トランジスタを配線でつないでいく。トランジスタによって増幅回路が作られ、集積回路（IC）へと発展していった。

集積回路への発展

集積回路は、一つの基板上でトランジスタ同士を配線でつなぐことで生まれた。その結果、アナログICとデジタルICを容易に作ることができた。

増幅回路（アンプ）は、アナログICの代表的なものである。トランジスタができた時点で、入力のベース電流を流すと、出力にはベース電流よりも大きなコレクタ電流を流すことができたため、そのまま増幅器として使うことができた。

コンピュータが発展していなかった1960〜70年代はアナログICが全盛だった。そこで、日本の総合電機メーカーは、アナログICをラジオ、テレビ、ラジカセ、VTRなどの電子製品に採用することになる。

一方、トランジスタはデジタル回路として1と0を表現するスイッチとしても使われた。電圧が高い・低い、あるいは電流を流す・流さない、という2つの状態を1と0に対応させた。例えば、2つのトランジスタを直列に接続するとAND回路、並列に接続するとOR回路ができる（資料6-2）。なお、NANDは、AND回路を否定するNOTを加えたもの。NORは、OR回路を否定するNOTを加えたものである。それぞれ出力は、AND回路、OR回路と逆になる。

こうしたデジタル回路は主に米国でのコンピュータ用途で進展した。アナログICをうまく使ってアナログからデジタルへ変換するIC（A-Dコンバータ）や、その逆のD-AコンバータというICをはじめ、デジタル化への動きは米国が盛んだった。

コンピュータの概念は英国の数学者が考えた

集積回路（ＩＣ）は、当初は顧客ごとに作られるものが多かった。そのため手間がかかり、半導体メーカーとしては、大量に買ってくれる顧客が望ましい。

大量に買ってもらえたのは電卓用のＩＣだった。電卓は１９６０年代後半に登場し、手のひらサイズに小型化されていく際にＩＣが威力を発揮する。電卓用途では大量にＩＣを買ってもらえたものの、電卓メーカーごとにＩＣを設計し直す必要があった。一口に電卓といっても、単なる四則演算の単純な製品から、関数電卓と呼ばれる製品まであり、それぞれの用途に向けてたくさんの種類のＩＣが必要だった。

そこで、インテルは、電卓メーカーごとに個別にＩＣを作るのではなく、コンピュータ方式で作ろうと考えた。コンピュータは、日本では計算機と訳され、計算する機械と考える人は多い。しかし、最初にコンピュータの概念を考えた英国の数学者アラン・チューリングは、基盤となるハードウェアを作り、「プログラムを変えると別の仕事をする機械」を考えた。これがコンピュータである。つまり、基盤となるハードウェアという機械に、プログラムとなるソフトウェアを組み合わせたものがコンピュータである。

コンピュータは、計算するだけではなく、業務をプログラム通り振り分けたり優先順位を付けたりする「制御」という仕事もする。例えば通常、私たちがパソコンのワードというソフトで文字を入力している作業は、「計算」ではなく「制御」という機能を主に使っている。

インテルは、コンピュータ方式の電卓ICを「マイクロプロセッサ」と名付け、その処理に欠かせないメモリも一緒に開発した。マイクロプロセッサを開発したことによって、ソフトウェアを変えるだけで、A社の電卓、B社の電卓の両方に使えるICとすることができるようになった。

コンピュータの広がりと半導体

4ビットのマイクロプロセッサが発明された1971年には、コンピュータエンジニアは、インテルの4ビットマイクロプロセッサをコンピュータの「おもちゃ」と表現していた。しかしそれにめげることなく、インテルはマイクロプロセッサの能力を上げることに邁進《まいしん》していった。

8ビットから16ビットへと進展すると、コンピュータエンジニアたちも考え直すようになった。さらにインテルが32ビットプロセッサを開発すると、コンピュータエンジニアたちは集積度の低いICを寄せ集めてCPUボードを作るよりも、インテルチップをCPUとして使うほうが安くて小型でしかも使いやすい、と考えるようになり、自らCPUボードを開発することをやめた。

コンピュータは、汎用大型のメインフレームから規模の小さなミニコンやオフィスコンピュータ（オフコン）、ワークステーションなどへとダウンサイジングが進んでいった。これは、いつでも使えるコンピュータを求めるユーザーが増えてきたことによる。

メインフレームは非常に高性能だったが、エンジニアなどが自分でプログラムを書いてメインフレームで処理をしてもらうようプログラマーに依頼しにいくと、「3～4日後に処理します」と言われることが常だった。つまり、メインフレームの作業には〝待ち時間〟という概念があった。「性能を落としてもいいから、すぐに処理できるコンピュータがほしい」というユーザーの声の高まりによって、ダウンサイジングの動きが起こり、最終的にパソコンへと進んでいったのだ。

ところが、日本はこの動きを無視して最先端のコンピュータ性能の追求に進んだ結果、世界の動きから大きく外れていくことになる。

ダウンサイジングは、コンピュータをパソコンという身近なものに変えた。さらには、パソコンから小さなスマホに代わっていった。スマホは携帯電話の機能もあるが、むしろ小型コンピュータと捉えたほうがいい。アプリ（アプリケーションソフトウェア）を取り替えると、さまざまな機能を実現できるからだ。ちなみに、現在のiPhoneの処理性能は、1980年代のスーパーコンピュータよりも高いと言われている。

半導体ICを使った製品がさらに広がる

マイクロプロセッサとメモリの発明は、電気製品に大きな影響を与えた。コンピュータの小型化につながっただけではなく、家電製品にも組み込まれるようになった。ソフトウエアを変えるだけで機能を追加できるため、マイクロプロセッサとメモリがいろいろなマシンに入っていった。

例えば、マイクロプロセッサとメモリと周辺回路を1チップに集積させたマイコン（マイクロコントローラ）という製品がある。性能はそれほど高くはないが、プログラムを書ければ誰でも簡単にデジタル制御を実現できる。そのうえ、マイコンは価格も安い。

筆者は25年以上にわたり、毎年12月には家の周りをクリスマスイルミネーションで飾っていた。標準ロジックと呼ばれるＩＣを秋葉原で買ってきて、いろいろと点滅させるデジタル制御回路を自作してきた。ＩＣや抵抗やコンデンサなどの受動部品を買ってきて作るよりも、安いマイコンでプログラムするほうが短期間で作ることができた。

電気を使う製品には、すべて半導体が使われている

マイコンは電気洗濯機や掃除機、冷蔵庫、電気炊飯器などありとあらゆる家電製品に使われるようになってきている。家電製品はマイコンの計算性能を必要としているのではなく、マイコンにソフトウェアを組み込むことで、家電にさまざまな機能を付加できるためである。例えば、炊飯器を使えば、誰でもおいしいご飯を炊けるのは、炊飯器のマイコンにおいしいご飯を炊く手順がプログラムされているからだ。

マイコンはそれほど性能が高くない半導体だが、それは性能より制御を求めたからだ。

逆に制御より性能を求めた高度な半導体の開発も進んでいった。高度な半導体を使えば、ＡＩ機能や高度な数値演算シミュレーション機能などを実現できる。また、コンピュータを大量に並べたデータセンターなどでは、天気予報やそれを可視化するソフトウェアを流して、一目で天候がわかるような画像・映像にすることもできる。

自動車分野でも、自動運転や事故を起こさないクルマ作りにはＡＩやコンピュータ機能が欠かせなくなり、半導体が必要になる。また、リチウムイオン電池を守る半導体ＩＣもある。電気自動車は、エンジンとなるモーター制御用の半導体やバッテリに充電するＩＣ、電源用のＩＣなど多種多様なＩＣを必要としている。

これらの例だけではなく、マイクロプロセッサとメモリは、カメラやプリンタ、ゲーム機、エアコンなどの民生機器から、宇宙航空分野、通信分野、医療分野などさまざまな分野で使われるようになった。コンピュータと同じ仕組みのシステムは「組み込みシステム」と呼ばれており、組み込みシステムの利用は拡大している。このように電気を使う製品にはすべて半導体が使われている。「半導体は社会の頭脳」という表現があるくらい、いまや私たちには半導体がなくてはならないものになった。各分野でソフトウェアを開発する企業が必要となり、半導体ＩＣを使った製品の分野はますます広がっている。

シリコンの原料は、砂のなかにある

シリコン（Siケイ素）は民主的な材料と言っていいだろう。原料は砂のなかにあるからだ。シリコンは地球上のどこにでもある物質で、特定の国で採れるものではない。

シリコンバレーのコンピュータ博物館にあるインテルのブースには、砂の絵とＩＣチップの絵が大きく飾られている。砂のなかにはガラスと同じ、小粒の酸化シリコンが大量に含まれており、この砂を大量の水素などで還元することで多結晶、さらに多結晶シリコンを精製して単結晶シリコンに仕上げる。その純度は、99・999999999％であり、9が11個並ぶほどの高い純度が求められている。シリコン結晶のなかの電子が通る場所に不純物があると、通り道を妨《さまた》げてしまうからだ。

このシリコン結晶に電子回路を刻み込んだものがＩＣであり、ＭＯＳ（Metal-Oxide-Semiconductor：金属－酸化膜－半導体）と呼ばれるトランジスタ構造にすると集積化しやすくなる。最新のエヌビディアの「Blackwell」ＧＰＵチップには２０８０億個ものトランジスタが集積されている。

第7章

注目企業と半導体のサプライチェーン

米国はコンピュータ、日本は小型ラジオや電卓に

前章の最後に触れたMOSトランジスタは集積しやすいだけではない。スケールダウンといってMOSトランジスタの縦・横・高さの寸法などを正確に比例縮小すると、トランジスタの性能が上がり、消費電力は下がるというメリットがあることがわかっている。微細化すればするほどトランジスタの集積度が増し、性能も上がり消費電力も下がるため、集積度はどんどん上がっていった。

ＩＣができた当初の１９６０年代初め、集積度は毎年2倍のスピードで上がっていく、というビジネス法則をフェアチャイルドセミコンダクター社のゴードン・ムーア氏（その後インテルの会長）が見つけ、それは「ムーアの法則」と呼ばれるようになった。

固体のなかを電子が走ったり止まったり、自由自在に動くことができることがわかると、半導体を作ってみようという企業がたくさん現れた。日本でもソニー、ＮＥＣ、日立製作所、東芝、三菱電機、富士通、松下電器産業（現パナソニック）、シャープなど、ほとんどの電機メーカーが半導体に乗り出した。

米国では、半導体ICを使ってコンピュータを作ろうという流れだったのに対して、日本ではソニーが先頭を切って、小型のラジオを作ろうとした。テレビにも応用されたが、もっともインパクトが大きかったのは、電卓で、シャープやカシオなどが電卓開発を競い合った。

米国では、インテルが日本のビジコン社から電卓用のチップを依頼され、その設計を考えていた。114ページで述べたように、インテルは、A社向け電卓、B社向け電卓と顧客によってICを作り直すよりも、ソフトウェアでA社向け、B社向けにカスタマイズして、ハードウェアは共通のものを作ろうと思いついたのだ。これがマイクロプロセッサとメモリの発明につながった。1971年のことである。

日本企業はメモリを作ることに注力

一方、日本企業はメモリを作ることに注力した。DRAMというメモリは記憶容量が大きくて大量生産できるため、日本企業は一斉にDRAMを作り始める。16Kビット、64Kビット、256Kビット、1Mビット、4Mビットと、メモリ容量すなわち集積度を上げていった。そのきっかけとなったのは１９７８～79年頃の64Ｋビット製品だったのである。

当時、「コンピュータの巨人」と言われたＩＢＭがフューチャーシステムを開発するという噂を聞きつけた当時の通商産業省は、日本のコンピュータが世界で競争できるようにしようと考えた。そして、コンピュータの基本技術である半導体の強化を目指して、超ＬＳＩ技術研究組合が設立されることになる。互いにライバルと思っていた日本の企業同士が、半導体の共同研究をするようになったのである。政府からの資金援助を得たこの研究組合によって、日本勢は世界に先駆けて64ＫビットＤＲＡＭ製品を実現し、米国の半導体を圧倒した。その後、２５６Ｋ、１Ｍ、４Ｍビットでも日本の天下が続くことになる。

一方、米国では、国防総省が１９８０年から１９９０年にかけてＶＨＳＩＣ（Very High Speed Integrated Circuit：超高速集積回路）計画を策定した。筆者は、その計画がベトナム戦争の失敗からきていたことを最近になって知った。ベトナム戦争におけるミサイルの命中率が非常に悪く、その命中率を上げることが必要とされたようだ。

当時、日本の半導体関係者は、「米国のＶＨＳＩＣ計画は、日本のＶＬＳＩ共同研究を真似したものだ」と言っていた。しかし、米国の歴史学者であるクリス・ミラー氏が執筆した2022年の著書『CHIP WAR』（Scribner発行、日本語訳版は『半導体戦争』ダイヤモンド社発行）のなかで、ベトナム戦争でミサイル弾が目標にまったく当たらなかったために、その反省からVHSIC計画が策定されたと記されている。

当時のインテルは、本心では国防総省からの仕事をあまり好んでいなかった。要求が厳しいわりに、市場がさほど大きくないからだ。しかし、今では国防総省から要求されるチップの製造も受けるようになっている。

ファブレス、ファウンドリ、IDM、EMS……各国の企業

半導体分野は、第5章で説明したファブレスの他に、ファウンドリ、IDM、EMS（製造請負サービス）、製造装置企業、材料企業、半導体ユーザーなどによるサプライチェーンができ上がっている（資料7-1）。

台湾のTSMCをはじめとするファウンドリは、半導体を設計するファブレス企業やIDMから注文を受けて製造する。

ファブレス企業は米国勢が圧倒的に強く、台湾勢も健闘している。ファブレスのトップ

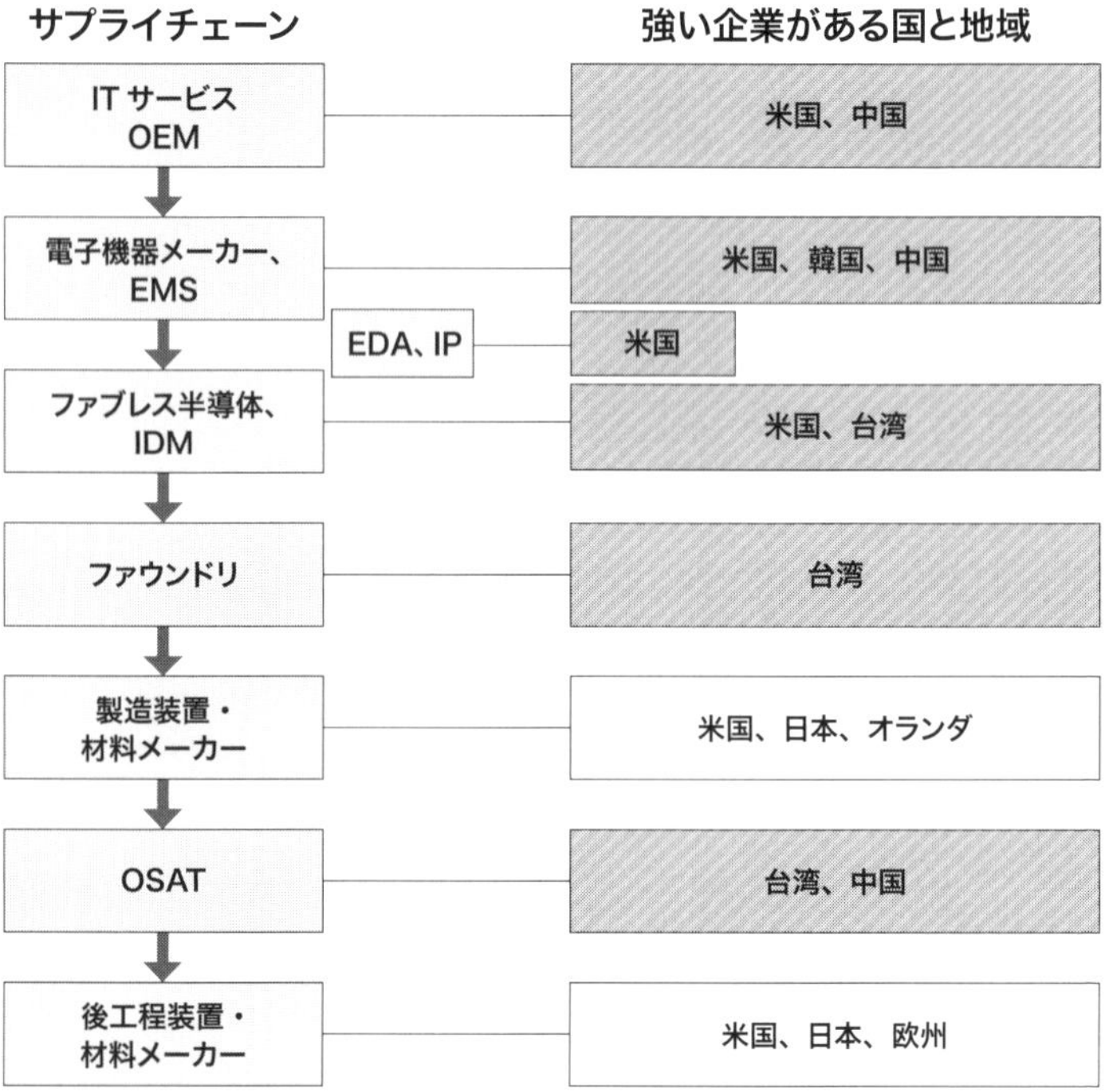

資料 7-1 半導体のサプライチェーンが強い国と地域

は言うまでもなくエヌビディア、次にクアルコム、ブロードコムなどが続く。台湾勢のメディアテックは大手ファブレスの仲間入りを果たしている。

ＩＤＭでは最大手がインテルだが、メモリメーカーも多い。サムスン、ＳＫハイニクス、マイクロンテクノロジーのＤＲＡＭトップ３社が、ＤＲＡＭ分野で90％以上のシェアを誇っている。

また、アナログ半導体メーカーやパワー半導体メーカーもＩＤＭの形態を採っている。例えば、米国のテキサス・インスツルメンツやアナログ・デバイセズ、日本のルネサスエレクトロニクス、ソニーセミコンダクタソリューションズ、日清紡マイクロデバイス、ローム、ミネベアミツミなどがそうだ。欧州勢もＩＤＭの形態を採っていて、インフィニオンテクノロジーズやＳＴマイクロエレクトロニクス、ＮＸＰセミコンダクターズなどが大手である。ＩＤＭより、ファブレスやファウンドリのほうが成長率が高いと言われている。

設計から注目されるＥＤＡベンダー企業

プレイヤーはこれだけではない。資料７‐２のように半導体のサプライチェーンを見ると、ファブレスの設計では、シノプシス社やケイデンス社などのＥＤＡ（Electronic Design Automation：設計・検証ツール）ベンダーがいる。またアームやシノプシス、イマジネーションテクノロジーズのようなＩＰベンダーもファブレス企業に知的財産的な回路を提供する。

設計の際には、ＩＣで実現したい機能の動作をプログラミング言語で記述していく。そ

サプライチェーン	米国	代表的な強い企業	日本	代表的な強い企業	備考
IT サービス	強い	Google、Meta、Amazon.com、Microsoft	弱い	楽天、ヤフージャパン	
IC ユーザー	強い	Dell、Apple、HP、Microsoft 等	弱い	ソニー、パナソニック	
IC メーカー	強い	Intel、Micron、AMD、TI、Qualcomm 等	弱い	キオクシア、ルネサス、ソニーセミコンダクタ	
IC ファブレス	強い	NVIDIA、Qualcomm、AMD、Broadcom 等	弱い	ソシオネクスト、メガチップス	
IC ファウンドリ	弱い	GlobalFoundries、SkyWater	弱い	ラピダス、JS ファンダリ	台湾が圧倒的に強い
IC 設計ツール	強い	Synopsys、Cadence、Siemens EDA	弱い	図研	
IC 製造装置	強い	Applied Materials、Lam Research	強い	東京エレクトロン、アドバンテスト、SCREEN	
IC 向け材料	中	DuPont	強い	信越化学工業、SUMCO、JSR、東京応化	
OSAT	弱い	Amkor のみ	弱い	イビデン、新光電気	台湾と中国が強い
IC パッケージ材料	中	DuPont	強い	レゾナック、三井化学、味の素	

資料7-2 IT も半導体も日本は弱い

の動作を回路図に変換するための言語に直して、ANDやOR、NOTなどの論理（ロジック）を組み合わせた回路で表現する。ANDやNORなどは、トランジスタを使って表現できるのである。最終的に、トランジスタを組み合わせた電子回路を製造しやすいパターンに変換し、フォトマスクと呼ばれる回路図（回路パターン）を得ていく。完成したフォトマスク（設計図）を製造工場に送ると、チップ製造が始まる。

この一連の作業では、途中でプログラミングのバグやミスを検証しながら進めていく。エンジニアは、プログラミングだけでなくバグやミスの検証を繰り返すため、コンピュータとにらめっこの毎日を送ることになる。こうした設計のためのソフトウェアを作っている企業がＥＤＡベンダーと言われ、先述した米国のシノプシス、ケイデンス、そしてシーメンスＥＤＡ社がトップ３社である。

設計工程最後のフォトマスク作りは日本企業が得意である。大日本印刷やＴＯＰＰＡＮ、ＨＯＹＡなどが世界的にも強い。フォトマスクを検査する企業も日本は強く、フォトマスクの欠陥検査装置企業にはレーザーテック社やニューフレアテクノロジー社などがある。

日本は製造装置や材料分野でも強い

製造工場では、シリコン半導体ウェーハのなかに、ｎ領域、ｐ領域、絶縁領域などを形成するためのリソグラフィ、フォトレジスト塗布、現像、エッチング、高温炉、成膜、洗浄などの工程を何度も繰り返す。そうして、n領域やp領域、絶縁物領域などを作るとともに、その上に配線層を形成していく。そのすべての工程は1000程度ある。

これらの工程を担う製造装置や材料分野でも日本は強い。製造装置はほとんどすべてがコンピュータ制御で自動化されているが、装置と装置を物理的につなぐ搬送装置やロボット分野も、ダイフクや村田機械、ローツェなど日本勢が強い。

製造装置では、現像やエッチング、洗浄などに強い東京エレクトロンや、洗浄に強いSCREEN、成膜装置ではKOKUSAI ELECTRIC、できた膜を観察したり計測したりする装置は日立ハイテクが強い。またフォトレジスト材料ではJSRや東京応化工業、結晶シリコンウェーハでは信越化学工業やSUMCOなどが強い。これに対して、米国勢ではアプライドマテリアルズやラムリサーチはリソグラフィ以外の製造装置全体に強い。リソグラフィはオランダのASMLが断然強く、最先端のEUV装置では他を寄せ付けない。

ウェーハに回路を形成する作業が終わると、完成ウェーハは後工程に送られる。後工程はOSAT（Outsourced Semiconductor Assembly and Test：ICチップをパッケージしテストする工程専門の請負）と呼ばれる。OSATを手掛けるメーカーは台湾が強く、AS

ＥやＳＰＩＬなどがトップをいく。その工程では、ウェーハを薄くし、切断しやすく削る。その後、ウェーハからチップに切り出す作業に移り、レーザーのこぎりなどで切断する。この作業の装置では、日本のディスコが強い。

チップに切り分けた後は、チップを基板に固定するダイボンディング、さらにチップ表面上に露出している電極とＩＣ製品の外部端子をつなぐためのワイヤーボンディング、そして最後にプラスチック樹脂でチップを守るためのパッケージ工程を通る。後はプラスチック樹脂の上に製品名などを捺印し、最後に最終テストを行なう。ワイヤーボンディング作業では日本の新川やカイジョーが強い。テスト装置ではアドバンテストが強く、海外売り上げが同社売り上げの95％にも達している。

ウェーハ完成後の製造はＴＳＭＣに

半導体のサプライチェーンの視点から見ると、エヌビディアの場合、設計を自前で行ない、製造を台湾のＴＳＭＣに依頼している。ウェーハ完成後はＴＳＭＣがパッケージしやすくするための再配線層を備えたインターポーザを形成し、ＧＰＵチップとＨＢＭ（High

Bandwidth Memory：広帯域幅のメモリ）、電源用のＰＭＩＣ（Power Management IC）等を、チップ表面を下に向けた方式でサブストレート上に設けた後、ＯＳＡＴに送る。ＯＳＡＴはそのインターポーザを基板に装着し、基板上の電極と接続する。その後テストし、米国のエヌビディアに送っている。

つまり、国際的なサプライチェーンになっているわけだが、ここに政治の力が働く。エヌビディアのようなハイエンドのチップではなく、標準ロジックやオペアンプ（Operational Amplifier：演算増幅器）のような標準品は中国でアセンブリ（組み立て）することが多い。米国で設計、台湾か中国で製造、中国のＯＳＡＴでパッケージングするというケースだと、中国から米国に完成品を送ることになってしまう。政治によって、中国輸出を禁止されると別のＯＳＡＴを探す必要が出てくるというわけだ。

米国はなぜ半導体に力を入れるのか

先述の通り、米国は国防分野が半導体を推進していて、まず真空管の問題からトランジスタの発明があった（１１０ページ）。１２４ページでも少し触れたが、米国が半導体に力を入れるもう一つの理由は、ミサイルに関してだった。

かつての防衛産業と半導体のかかわりは、無線通信技術の分野がメインで、レーダーで敵の位置を見つけたり、盗聴されにくくするための通信技術に半導体が使われてきた。それがベトナム戦争後には、ミサイルの命中率を上げることが必要とされ、高速コンピュータの導入によって命中率を高くするように変わっていった。コンピュータ（＝半導体）を使って自分と敵のミサイルの位置と速度方向を数秒ごとに計算し直し、これを繰り返すことで目標に近づけていく。攻撃だけではなく、迎撃する場合も超高速で計算する。自分と敵のミサイルの位置と速度方向を計算するためには高速コンピュータ、すなわち高度な半導体が求められるというわけだ。

サイバーテロ対策と、中国への輸出規制強化

最近はインターネット上でのサイバー攻撃も活発になってきた。米国政府はサイバーテロ対策にも必死になっており、例えば、中国のファーウェイ（華為技術）の通信装置にバックドアがあって中国政府に情報が筒抜けになっているという懸念が持たれている。

3〜4年前には、ファーウェイの子会社のハイシリコンが7㎚のプロセッサチップを設計しており、それを台湾のTSMCに製造委託していた。そのため中国は7㎚という先端技術チップを手に入れることができたという。しかし、このことに気づいた米国は、「米国製の半導体製造装置を使って作られたチップを中国へ輸出してはならない」という規制をかけた。TSMCの製造工程では、米国製の半導体製造装置が一連の半導体製造工程のどこかに必ず入っているため、実質的に台湾から中国へチップを出せなくなってしまった。

米国の規制が厳しくなると、中国は国産化を急がざるを得なくなり、中国でもハイエンド製品を作れるところまできている。ファーウェイの最新チップは、TSMCの7㎚プロセスに相当する単位面積当たりの集積トランジスタ数を実現しており、ハイテクレベルに入ったと見なすことができる。米国が規制を強めれば強めるほど、中国は半導体の内製化を推し進めるようになった。

一方、製造装置メーカーは中国向け市場への輸出を規制されるため、米国政府に対してローテク品を中国に出せるようにロビー活動した。その結果、先端品とは言えない、例えば8インチ（200㎜）ウェーハ対応の製造装置は、中国への輸出に規制がかかっていない（2024年8月現在）。このため、米アプライドマテリアルズ社は2024年2〜4月期に売り上げの43％を、日本の東京エレクトロンは2024年1〜3月期に44％を、中国市場に輸出した。

中国の半導体メーカーは規制が強化されないうちに買っておこうという姿勢であり、日米の製造装置企業は政府の気が変わらないうちに売ってしまおうという考えのようだ。そのため、本格的な半導体需要の高まりがまだないなかで、多くの製造装置が中国に販売されている。

TSMCの日本誘致とラピダスの今後

米国政府は、半導体を国の安全保障に欠かせないと表現しているが、日本政府は、「経済」を加え「経済安全保障」という言葉に直し、半導体に力を入れようという方針だ。TSMCを熊本に誘致したのもその一つといえる。

しかしながら、台湾企業を誘致したところで日本の半導体メーカーが大きく活性化することはないかもしれない。なぜなら、米国のマイクロンやオンセミ社、TI（テキサス・

インスツルメンツ）社、台湾のUMCなどは長年、日本国内に工場を持っているが、日本の半導体産業が活発になった様子はないからだ。

グローバル企業である東京エレクトロンやアドバンテストは、以前から台湾に販売をしに赴いており、影響を受けることは少ないだろう。ただ、日本のドメスティックな半導体関連会社にとっては、国内にTSMCの工場があることは仕事がしやすくなるだろう。

また、日本政府はラピダスという半導体企業を民間企業に設立させ、2027年に2㎚プロセスの量産開始を目指して、補助金を提供している。

いま抱える水や電力の問題以外に、このことを問題視する向きもある。資本金の73億円と比べて、政府の補助金の額は2桁以上多く、9200億円を超える。そのうえ、トータルで5兆円を必要としているという。政府の補助金を当てにする国策会社のような半導体企業は、世界でも他に例を見ない。はたして、これで世界の半導体メーカーと競争することができるのだろうか、と心配する見方だ。

いきなり2㎚という超最先端プロセスから始めて現実に量産できるのか、という問題もある。TSMCはプロセスの微細化よりも先端パッケージング技術によって、高いコンピューティング能力を実現させようとしているからだ。

とはいえ、山のような問題を一つずつ解決していけば成功は見えてくるだろう。それを解決していく覚悟が問われている。

一方、ファブレスであるエヌビディアは製造能力を気にする必要はない。ＴＳＭＣであろうとグローバルファウンドリーズであろうとラピダスであろうと、できる企業に製造してもらうだけだ。これがファブレスの強みである。

エヌビディアは、コンピューティング能力をさらに上げるためにはどうすべきかに集中でき、そのソリューションを実現できれば一段と高みに上ることができるだろう。

第8章

エヌビディアが注力してきたGPUとは何か

多角形を組み合わせると、曲線もきれいに描ける

エヌビディアは、創業以来、ゲーム機用のグラフィックスをきれいに描くためのプロセッサであるGPUを開発してきた。ひたすらGPUに注力してきたと言っても差し支えないだろう。GPUによって作られたきれいな写実的な画像であれば没入感（イマーシブ）を得ることができ、ゲームの主人公になった気持ちにさせてもらえる。

画像向けのGPUであったが、GPUを使えばコンピュータをさらに高速化できることもわかり、エヌビディアはそれを実現させてきた。その後、ニューラルネットワークモデルをベースとするAIにも進出した。GPU1本でゲーム機から高速コンピュータ、そしてAIまで実現させてきたのである。

では、GPUとは何だろうか。なぜ絵を描くプロセッサがAIプロセッサに変身できるのか。GPUの仕組みを押さえていれば、それを理解できる。多少数学的な表現が出てくるため、わかりにくければ、この章を飛ばして読んでいただいてもかまわない。エヌビディアがなぜGPUから高速コンピューティング、そしてAIへと進められたかをテクノロ

ジーの面から伝えるためにこの章を設けた。

＊

本書でたびたび出てきたＧＰＵとはGraphics Processing Unitの略で、コンピュータ上で絵を描くための専用のプロセッサのことである。

コンピュータ上に絵を描くためには、直線だけではなく曲線をきれいに描く必要がある。そのためにペンの代わりに、ポリゴン（多角形）と呼ばれる小さな要素を使って曲線を表すようにした。一般的には三角形を単位として絵を描いていくが、三角形の辺の長さをいろいろ変えることで曲線を表現できる。さらに2次元だけではなく、奥行きのある3次元の物体もポリゴン（28ページ資料1-2）の組み合わせで表現できる。

３次元表示では、物体の裏を見せることがよくあるが、物体の裏は、物体を回転させることで表現する。これは座標軸や点を中心に回転させるため、座標変換作業を行なうための計算が必要となる。

ゲームなどでは、さまざまなシーンを描き、別の角度から見せることがあるが、これも座標変換処理を行なっている。私たちが見るゲームの絵の裏側では、座標変換のような大変複雑な計算が行なわれているのだ。

座標は（x、y）あるいは（x、y、z）という点で表現され、それがどの程度動くかによって物体（例えば、イルカの頭やしっぽ）がどの程度、回転移動するかを計算する。こうした計算は、行列演算式で表される。すなわち積和演算として表現できる。積和演算とは、掛け算したもの（積）を次々と足し合わせる（和）という計算のことである。

色を混ぜる作業も積和演算に近い

私たちは絵を描く場合、まずデッサンを描き、その後に色塗りをするだろう。それと同じように、三角形のポリゴンを使ってデッサンのようなラフな絵を描き、それを精密に仕上げていく。つまり、三角形を大きなものから小さく分割すれば、細かい部分を表現できる。形を描くことができたら、次は色を塗ることになる。色を混ぜる作業が必要になるが、これも色の各要素を積和演算することに等しい。

コンピュータで絵を描く場合、人間が絵を描く方法とは違った大きなメリットがある。それは、画面を数十〜数百に分割してそれぞれの部分を同時に描けるという点だ。私たち人間は、1枚の絵を端からあるいは中央から少しずつ描いていくしかないが、コンピュータは分割した部分を同時並列に描くことができる。ある意味、キャンバス上で大勢の人間が自分の担当する部分を全員同時に描くようなもの。だから高速に絵を描くことができるというわけだ。

ＧＰＵには積和演算器が大量に集積されており、それらを同時に計算させることで１枚の絵を短時間で仕上げることができる。

ゲームの場合、まるで映画のように写実的な動画が求められている。動画を作るには30ｆｐｓ（frames per second＝１秒間に30枚の絵）が必要といわれる。30枚の写実的な絵を１秒間で動かせば、写実的な動画となる。それには、大量の写実的な絵を描くための、極めて高速なチップ性能が求められることになる。

微分方程式や複雑な数値計算も得意

高速の計算性能が必要とされるのは、ゲーム分野だけではない。スーパーコンピュータ（スパコン）やＨＰＣ（High Performance Computing）の分野でも高速計算が求められる。スパコンやＨＰＣにおいては、さまざまな微分方程式や複雑な計算式を解くために、積和演算を利用した数値計算が使われていることにエヌビディアは気づいた。積和演算器は、文字通り、$a_1 \times b_1 + a_2 \times b_2 + \cdots\cdots + a_n \times b_n$という演算を行なう。複雑な関数や方程式を数値演算で近似的に解こうとすると、級数展開された積和演算を行なうことになる。そこからエヌビディアは、ＧＰＵがコンピュータを高速化するのにも使えることに気がついたのである。

スパコンやＨＰＣでは、演算結果をグラフィックス表示で可視化することも行なわれており、そこでもＧＰＵが必要となる。

積和演算器はＡＩにも使える

ＡＩ（機械学習／ディープラーニング）の元となっているニューラルネットワークは、神経細胞（ニューロン）１個に別の神経細胞からのデータが複数入ってくるモデルで描くことができる（資料８－１）。

１つのニューロンには、複数のニューロンから送られてきたデータが入力されるが、送られてきたデータをそのまま入力するのではなく、それぞれ「重み」づけをし、調整され

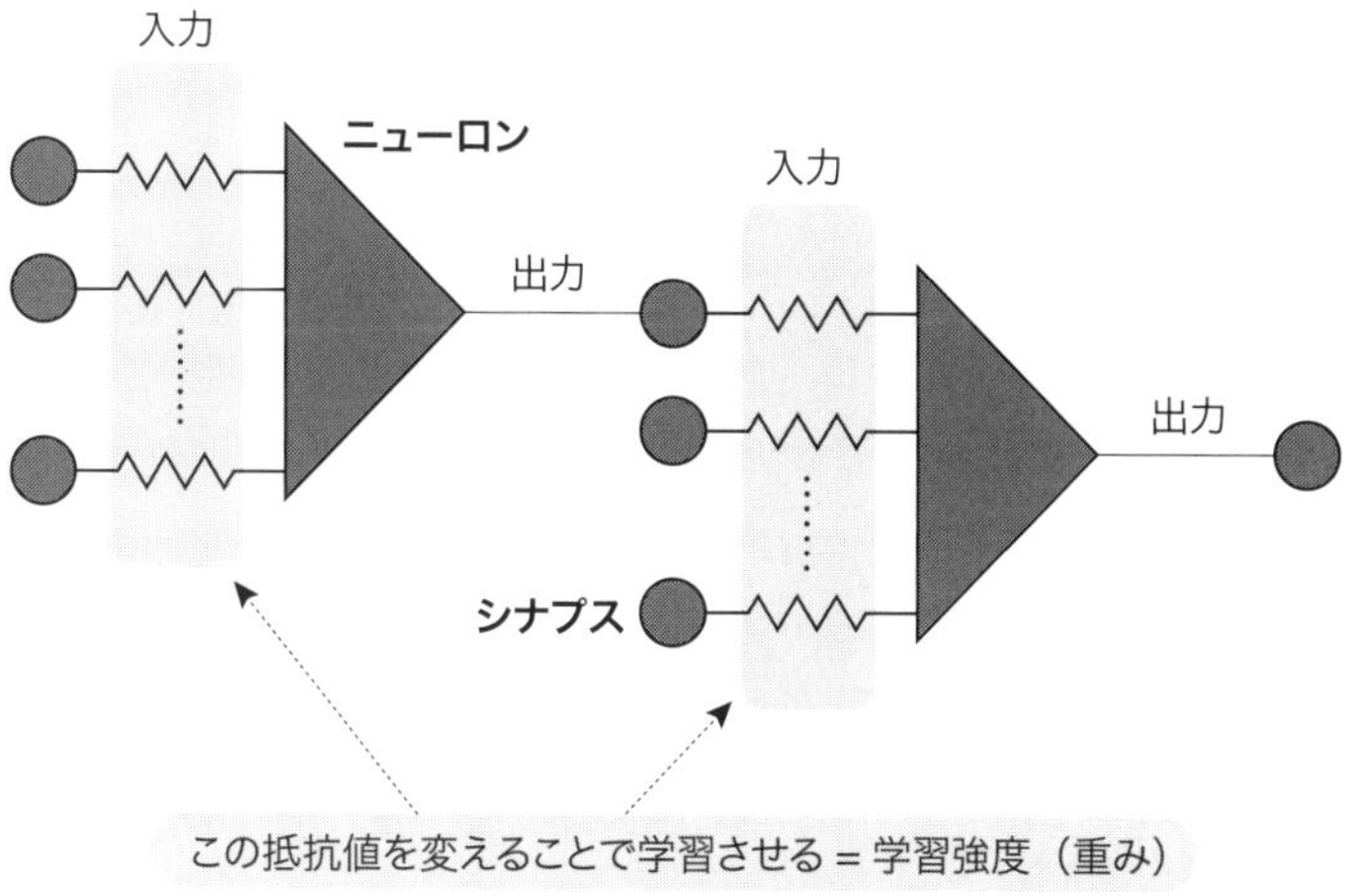

資料８-１　神経細胞１個のモデルは多入力・１出力のロジック

た値を入力する。資料８−１では、重みづけの部分を可変抵抗器で表している。可変抵抗器の抵抗の値を変えることこそが、データに掛け算をする時の「重み」となる。

各ニューロンでは、前のニューロンから送られてきた複数のデータにそれぞれ重みをつけて計算する。つまり「（データ）×（重み）」を積和演算して、最終的に１か０を出力する。１か０のいずれかのデータが、その次につながっているニューロンに送られ、次々と積和演算が行なわれるというわけだ。

こういったニューラルネットワークのモデルでは、ニューロンがずらりと並んでおり、積和演算をほぼ同時並列で行なっている。

ＡＩモデルは、ニューラルネットワークを

構成しており、最終的な結果を出力する。例えば、猫の画像を入力したのに、最終結果が猫と判断されない場合は、ニューラルネットワークの途中の重みづけを変えて、結果が猫になるように調整する。この時の重みの調整こそが「学習」となる。猫という正解がわかっている場合（教師あり）は、可変抵抗を変えて学習するのである。

GPUの性能を徹底的に追求した

このようにしてゲーム機用のGPUは、絵を描くだけではなく、コンピュータの高速化へと展開でき、さらには、ニューラルネットワークを利用するAIの演算に使えることにエヌビディアは気がついた。これがエヌビディアの素晴らしい発想である。

比較するのは他社にとっては酷かもしれないが、GPUの性能を徹底的に追求するという姿勢がエヌビディアにあったことが他社との違いであろう。ATI社（次章で詳述）はAMDに組み込まれてしまったためGPUの性能を徹底的に追求できなかった。第4章で詳しく説明したように、富士通はGPUを半導体の一つとしか捉えていなかった。その他の半導体メーカーに至っては、GPUについて検討すらしていなかった。

第9章

創業してからＡＩに辿り着くまでの道のり

エヌビディア3人の創業者

エヌビディアは、1993年4月5日に、3人の創業者たちによって設立された。1人は今でもCEOを務めている台湾系アメリカ人のジェンスン・フアン氏である。フアン氏は、AMDでマイクロプロセッサの設計を手掛けており、その後、LSIロジック社でCoreWare製品のディレクターを務めた。2人目は、サンマイクロシステムズ社のエンジニアだったクリス・マラコウスキー氏、3人目はIBMとサンマイクロシステムズでグラフィックスチップの設計者だったカーティス・プリエム氏だ。

彼らはシリコンバレーにある「デニーズ」で、パソコン上で写実的な3次元グラフィックスを描くチップに関するアイディアを議論していた。写実的な3Dグラフィックスを描くためには、パソコンではなくもっと高度なコンピュータが必要だった。マラコウスキー氏は今でもエヌビディアのフェローとして経営陣に残っており、プリエム氏は2003年までの10年間CTO(最高技術責任者)を務めた後、引退している。

当時、グラフィックスチップを設計していたライバル企業として、1985年設立のカナダのファブレス企業、ＡＴＩがあった。この頃、任天堂などはまだゲーム向けには２次元の絵を描くことが精いっぱいだったが、ＡＴＩは３次元の絵を描くことを目指してグラフィックスＩＣ製品を開発していた。ＡＴＩは２００６年に半導体メーカーＡＭＤに54億ドルで買収され、２０１０年にＡＴＩの名前は消えてしまったが、製品のブランド名はRadeon シリーズとして現在でも残っている。ＡＭＤがエヌビディアにさほど遅れることなくＧＰＵを進化させることができたのは、旧ＡＴＩの技術を保有していたからだろう。

デニーズCEOとファン氏

ファン氏らは、きれいな３Ｄのグラフィックスを描くアイディアをもとにエヌビディアを設立した。彼らが議論する場所はデニーズと決まっていた。15歳の時にオレゴン州のデニーズでアルバイトとして働いたファン氏にとって、デニーズはなじみの場所だったのだ。またデニーズに対して特別な気持ちを抱いているようで、彼は「デニーズはいろいろなことを教えてくれた」と語っている。

デニーズのＣＥＯケリー・バレイド氏（資料９－１左）は、ファン氏の成功を支えたシリコンバレーのデニーズを大変誇りに思っており、第2、第3のエヌビディアが再びここから出てほしいと願っている。そこで、2023年9月に、デニーズは1兆ドル企業を目指す起業家たちに向けて、インキュベータコンテストの参加者を募集すると発表した。優勝賞金は2万5000ドル。こうしたイノベータに対する資金提供は、いかにもシリコンバレーらしい。シリコンバレーには起業家向けに資金を提供する「エンジェル」と呼ばれる投資家が何人もいる。そして、成功した起業家たちは、のちに今度は自分たちがエンジェルになることも多い。イノベーションに対するシリコンバレーのこのような仕組みが日本にもほしいと思うのは筆者だけだろうか。

資料9-1 デニーズCEOのケリー・バレイド氏（左）とフアン氏（右）

日本の「大きな波」がヒントだった

なぜ、創業者3人はグラフィックスチップを開発しようとしたのだろうか。

共同創業者のクリス・マラコウスキー氏は、ビジネス誌

『Forbes』（米国電子版／２０１６年11月30日付）のインタビューで、「次にくる『大きな波』が、日本で沸き起こっていると感じたからだ」と答えている。彼は、「サーフィンのような波は2〜3日経てばカリフォルニアにも到達する」と冗談交じりに語っている。

ここで言う日本で起きている「大きな波」とは、ゲーム機のことだった。１９９０年代初めの日本では、ソニーのPlayStation、セガのセガサターン、任天堂のNINTENDO64といった家庭用ゲーム機におけるハードウェア性能競争が白熱していた。近いうちに３Dグラフィックス機能が家庭用ゲーム機に搭載されるとエヌビディアの創業者３人は確信していたのだ。

当時、日本のゲームでの人物や背景は、いかにも簡単なイラストでしかなかった。彼ら３人は、もっと高速に動き、もっと写実的な絵をビデオゲームに取り入れたいと考えたのだった。日本の若者たちは、家庭用パソコンで使う３Dグラフィックボードの登場を待ち望んでいるに違いないと信じていた。１９９３年には、そのようなグラフィックスチップもカードも存在していなかったのである。

半導体チップは大量に売れれば売れるほど、１個当たりのコストは下がっていく。ゲームは非常に人気があったため、「ゲーム機用のグラフィックスチップを作れば大量に売れれるだろう」という計算も彼らにはあったのだ。

製品ゼロの状態でTSMCのCEOに手紙を出す

彼らは次にくる「大きな波」を見据えていたが、「未来を見つめる」という考え方は、社名にも表れている。エヌビディアのNVIDIAはラテン語の「invidia」からきており、英語の「envy」（羨望、憧憬などの意味）に相当するという（Y's Consulting コラム第203回　エヌビディア創業者ジェンスン・フアンCEO／台湾）。「envy」の発音は英語の「N《エン》V《ヴィ》」と同じ発音であり、「NV」から始まる社名を考えていた。未来への憧憬ということからNVIDIAと命名したという。

デニーズでのディスカッションをベースに、1993年に資本金4万ドルでエヌビディアは創業された。当時のアメリカでは、ザイリンクスやアルテラ、クアルコムなどのファブレス半導体企業がすでに生まれていた。エヌビディアには4万ドルの資本金しかないため、工場を作らずにファブレスとして生きる道を選んだ。

ファブレスは、ファウンドリを見つけなければ製造してもらえない。1987年創業の

ＴＳＭＣは１９９５年頃には売上額が２８７・７億台湾元（約１０００億円）のファウンドリとなっており、３４００名以上の従業員もいるような最大手のファウンドリだった。

１９９５年に、エヌビディアのファン氏は、チップを受託生産してもらうためにＴＳＭＣのＣＥＯであったモリス・チャン氏に手紙を書いている。創業して間もないエヌビディアはまだ製品を持っていなかったので十分なアピールができず、ファン氏は返事すらもらえないかもしれないと心配していた。ところが、ＴＳＭＣのチャン氏は手紙を受け取ってすぐにエヌビディアに電話をくれたので、ファン氏は「驚きとうれしさでいっぱいになった」という。この時以来、エヌビディアとＴＳＭＣの長年の提携関係が始まった。

そして、１９９７年についに、世に問う最初の本格的な製品ＧＰＵ「RIVA 128」の発売にこぎつけることができた。エヌビディアのＧＰＵは、パソコンのマザーボードに挿し込むドーターボードとしてのゲーム用カードに搭載される。「TITAN X」や「GeForce GTX 1080」といった製品名でグラフィックスカードとして市場に出た。この製品は、競合他社に比べて約4倍の描画性能を持っていたため、エヌビディアはSTB Systems社やDiamond社、Creative社との取引を獲得し、１９９８年1月期に初めて単年度黒字を達成したという。

それ以来、ゲーム機用のＧＰＵの性能向上をさらに進め、ゲーム機用ＧＰＵとして不動の地位を確立した。その後も順調だったかというと、必ずしもそうではない。ゲーム機用は順調に成長していたが、タブレットや自動車のインパネ向けに製品を拡大したものの、それらはあまりうまくいかなかった。

クルマのダッシュボードに挑戦

第４章で紹介した富士通と同様に、２０１１年初め頃にエヌビディアは自動車のディスプレイにＳｏＣを応用しようとしていた。クルマのダッシュボードのグラフィックス化である。今では、クルマのダッシュボードは全面液晶の大きなスクリーン上に、カーナビゲーションなどさまざまな情報が表示されているが、当時は技術的に未熟で、そのような応用は時期尚早だった。しかし、エヌビディアや富士通などは、ダッシュボードに搭載されているタコメーターやスピードメーターを針式ではなく、液晶で表現しようとした。しかもデジタル数値ではなく、アナログの針（グラフィックス）で表示させることを狙っていた。

メーターの針を液晶で表示させると、斜めの線にギザギザが見えることが多く、これをスムーズに見せるための画像処理が必要だった。しかもスピードメーターの針は、アクセルを踏んですぐに作用しなければ、ドライバーはいらついてしまうものだ。応答時間の遅れは許容できないので、液晶の応答性も問題になった。つまり、いくらＧＰＵが優れていても液晶が十分な応答速度を持っていなければ、ダッシュボードのグラフィックス化は難しかったのだ。

加えて、ＧＰＵが生み出すレンダリング能力も十分ではなかった。いかにもイラストで描いたような針や表示物ではクルマのドライバーは満足しないため、写実的なグラフィックスでなければ採用されにくい。

エヌビディアはクルマのダッシュボード応用を訴求し、ＧＰＵだけではなく、斜め線のギザギザをスムーズに変換することができるＩＳＰ（Image Signal Processor：イメージ処理プロセッサ）、そしてＣＰＵを一つのチップに搭載したＳｏＣ「Tegra2」をリリースしており、これをクルマのダッシュボード用に提案していた。

このＳｏＣは性能や消費電力も十分に優れており、エヌビディアは自信をもって出荷したという。しかし、クルマは厳しい環境に置かれるため、信頼性がもっとも重要となる。

厳しい信頼性試験や自動車メーカーの認定を取得するのに時間がかかり、量産されるまでに数年を要することになった。

Tegra2とは

第1章でも軽く触れたTegra2の中身について、ここで簡単に紹介しよう。Tegra2には、合計8個のコアが集積されている（資料9－2）。

①②ブラウジングをスムーズに素早く行なうためのARM Cortex-A9デュアルCPUコア、③グラフィックスプロセッサ（GPU）のGeForceコア、④HD（High Definition）ビデオのデコーダコア、⑤HDビデオのエンコーダコア、⑥イメージプロセッサ（ISP）コア、⑦オーディオ処理プロセッサ、⑧チップ全体の電源を制御して消費電力を下げたりIC全体を制御したりするためのARM7コア、である。

Tegra2の場合、GPUのGeForceコアがカーナビの地図やダッシュボード周りのグラフィックス映像を担当し、ビデオやテレビ映像を見る時にはビデオコーデックが処理を担う。バックモニターや死角モニターなど、イメージセンサーからの映像を処理するのがI

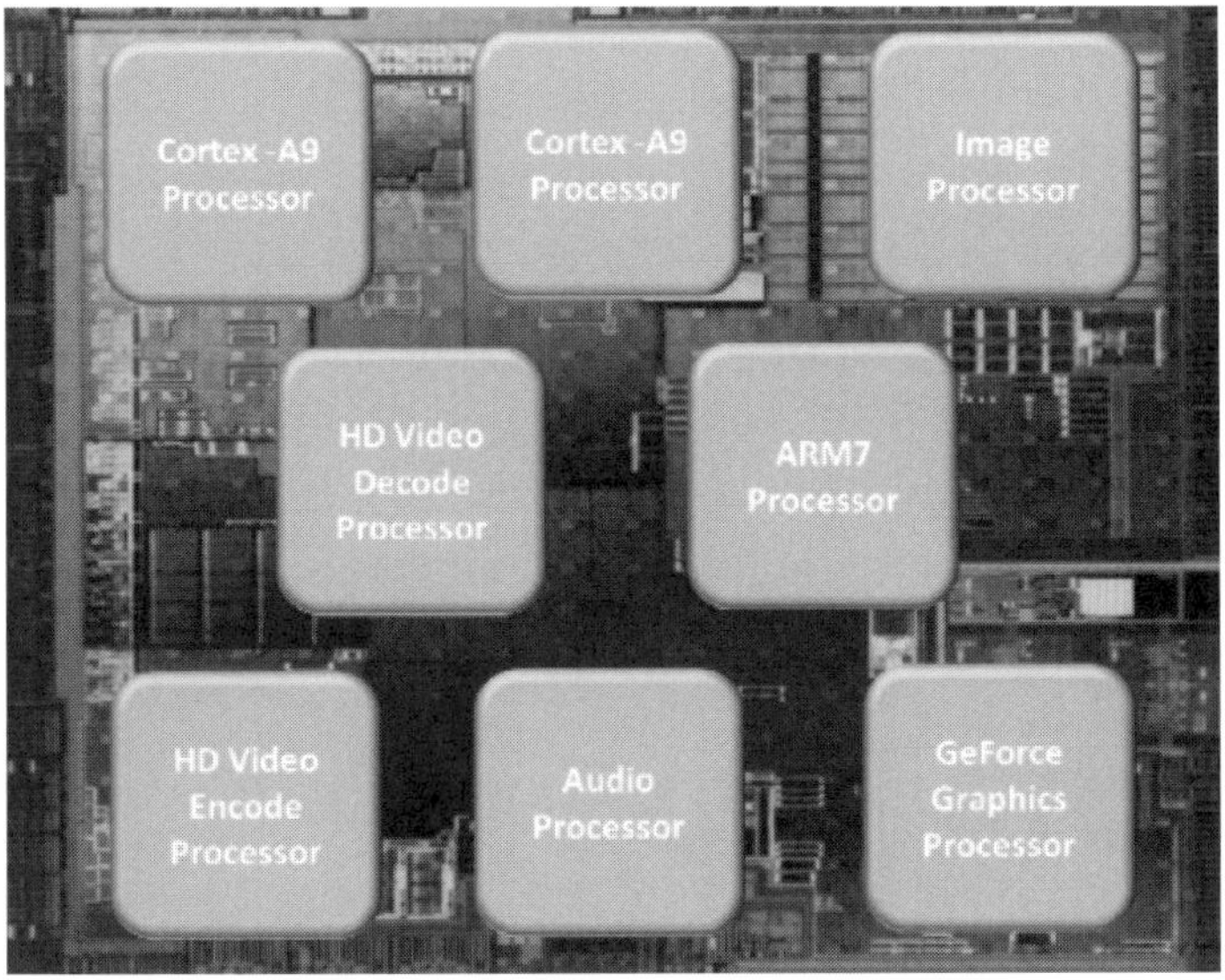

資料9-2 Tegra2に集積された各種プロセッサコア

ＳＰコアである。カーステレオで聴く音楽のプレイリストなどを出し、音楽再生を行なうのにはオーディオプロセッサが威力を発揮する。ウェブ情報を見たり切り替えたりすることに加え、全体を制御するのはＣＰＵであるCortex-A9だ。

このようにTegra2は、端末としての機能だけではなく、カーインフォテインメントの機能も備えており、ドライバー支援としての役割も大きかった。白線検出制御、クルマ認識あるいは物体認識、また、夜間などに人物を認識するナイトビジョンを処理するためにもTegra2は使えた。

資料9-3 クルマを使ったエヌビディアのデモ

2012年に米ラスベガス市で開催されたCES（情報機器の世界最大の見本市）において、エヌビディアはダッシュボードへの応用を訴求するデモンストレーションを行なった（資料9-3）。自動車メーカーは、どれほど優れた製品であってもすぐには採用しない。クルマは人命にかかわる道具だけに、品質と信頼性が問われるからだ。そのためか、残念ながらこの時はTegra2は採用されるには至らなかったようだ。

Xoomは絵がサクサク動く

エヌビディアは、タブレットに使うモ

資料9-4　モトローラが展示していたXoom

バイルプロセッサにも挑戦している。2011年のMWC（Mobile World Congress：世界最大級のモバイル関連展示会）では、モトローラ社のタブレット端末「Xoom（ズーム）」（資料9－4）が「サクサク動いて絵がきれい」と大評判であった。ここにエヌビディアのTegra2が採用されていたのだ。

このXoomは、2011年1月のCESで、翌2月に発売すると発表されていたが、ユーザーが実際に手にとって体験できたのは2011年2月のMWCが初めてだった。当時、MWCの会場で筆者が半導体関係のビジネスパーソンに取材をすると、いつも会話が「Xoomはすごかったね」から始まったことを今でも鮮明に覚えている。

多くの欧米メディアがMWCでのXoomの評判と、その後に発表された「iPad2」を比較検討する記事を掲載していたがそれとは対照的に、日本ではほとんど採り上げられなかったことに筆者は強い違和感を覚えた。

今から13年前のタブレット端末だったが、ブラウザベースでの仕事を行ないやすくできていると当時は感じた。デモではテレビ電話会議がスムーズにできることが示されていた。現在は通信環境やコンピュータの能力が向上してきたため、「Zoom」や「Webex」のように、複数の相手の画面に映すこともできる上に、パワーポイントなどで資料を大きく映したい時は、相手の画面は小さく、パワーポイントなどの資料のウインドウを大きくして、資料を見ながら複数の人間とビデオ会議を行なうことができる。当時のモトローラの担当者によると、ビデオ会議の人数に制限はないという説明で、今のZoom機能を当時のタブレットXoomはハード上で十分に実現できる実力を備えていたのだった。

Xoomの画面は、4〜5本の指による動作を読みとれるタッチスクリーンである。ユーザーインターフェイスはとても身近なもので、まるでボリュームのつまみのように右に回すと画面が大きくなり、左に回すと小さくなるといった、pinch-to-zoomと呼ぶ機能が搭載されていた。画面に表れるグラフィックスの動作も速く、指でコマンドをしてもその反応は速かった。このように、Xoomは先進的だったにもかかわらずあまり売れずに、「iPad2」の登場でとって代わられてしまった。

Tegra2は低消費電力を実現

その頃、エヌビディアのGPUは「性能は優れているが、消費電力は10W（ワット）を優に超える」といったイメージを持たれていた。これを払拭したのが、先駆的なモバイルプロセッサといえる、このTegra2だった。

「Tegra2のSoCの設計思想が優れているのは、性能を追求しながら消費電力をできるだけ減らすために、専用のプロセッサを揃えたことだ。156ページでも説明したように、8個の異なるプロセッサコアを独立させて搭載した。

Tegra2には1080p（解像度1920×1080ピクセル）のHDビデオを圧縮・伸長するためのエンコーダとデコーダが搭載されている。CPUに同じ機能を行なわせるとCPUの負荷が大きすぎてしまい、他の仕事ができなくなるほど遅くなってしまうのを防ぐためである。圧縮・伸長はＣＰＵを使わず、専用のエンコーダとデコーダ回路に任せる。エンコーダは、30ｆｐｓ（1秒間に30フレーム）で動く１０８０ｐのＨＤコンテンツを圧縮し、デコーダはH.264をはじめとする３つのフォーマットを再生する。これによって、１０８０ｐのビデオ再生を４００㎽（ミリワット）以下の消費電力で行なえた。ビデオを再生・録画しない時は、エンコーダ、デコーダをオフにしておき、チップ全体の消費電力を減らす。画像処理プロセッサＩＳＰは、光の陰影バランスやエッジ強調、ノイズ削減、またアルゴリズムによってリアルタイムで写真の拡大を行なう。写真を見ない時はやはりこのプロセッサもオフにしておく。

このようにして半導体チップのシステム全体の消費電力を削減した。その機能を担うのがＡＲＭ７プロセッサであり、このＣＰＵが他の各プロセッサの電力を管理したりシステム全体を制御したりする。

タブレットのような電池動作の携帯機器にも使えるようにするために、最低限必要な回路だけを動かすというパワーゲーティングや、周波数をあえて落とすクロックゲーティングといった手法をフルに使い、消費電力を極力減らした。音声だけなら数十㎽しか消費されない。Tegra2はすべての回路をフルで動かしても３Ｗ以下しか電力が消費されなかった。

消費電力を極力抑える

このようにエヌビディアは消費電力を抑えることに取り組んだ。エヌビディアが得意とする２Ｄ／３ＤのＧＰＵコア「GeForce」は、ユーザーインターフェイスや絵やフォントなどのグラフィカルな要素を低消費電力でレンダリングする。その実力は、１０２４×６００画素のゲームQuake3を60ｆｐｓ（1秒間に60フレーム）以上でレンダリングするのに、消費電力はわずか数百mWで済むという。またゲーム専用のエンジンUnrealも集積している。このＧＰＵはフルスクリーンのFlashアニメを１５０mWの省電力でレンダリングできる。もちろん、このＧＰＵもビデオや写真のようなグラフィックスを使っている時以外にはオフにする。

汎用のプロセッサであるARM Cortex-A9のデュアルＣＰＵコアは、対称型のマルチプロセッサ（ＳＭＰ：Symmetric Multi-Processing）であり、並列動作によってウェブページの読み込みを高速にし、ユーザーインターフェイスの応答を素早くする。複雑なウェブページでもレンダリングを高速にする、という仕事を行なう。

さらにARM Cortex-A9は電圧と周波数をダイナミックに変えて消費電力を減らす、というパワーゲーティングとクロックゲーティングの手法をとっている。グローバルパワーマネジメントシステムがこのCPUへの負荷を監視しており、負荷に応じて電圧と周波数を変えることで性能と消費電力の最適化を図っている。ウェブを見ていない時、例えばウェブからコンテンツをダウンロードして読み込んでいる時などは、このCPUの電源をオフにする。

AIの登場で、2021年から事業の柱が2部門に変更

その後、Tegraプロセッサは、2016年に任天堂のゲーム機Switchに採用され、急激ではないが着々と売り上げを増やしてきた。エヌビディアは、TegraブランドのSoCと、GPUグラフィックスチップという2製品を売り上げの柱としてきたが、GPUの売り上げのほうが圧倒的に多かった（資料9−5）。

エヌビディアのアニュアルレポート（年次報告書）を読むと、Tegraは、2017年度までは営業損益の赤字が続いていた。2016年度は約2・5億ドルもの赤字だった。2

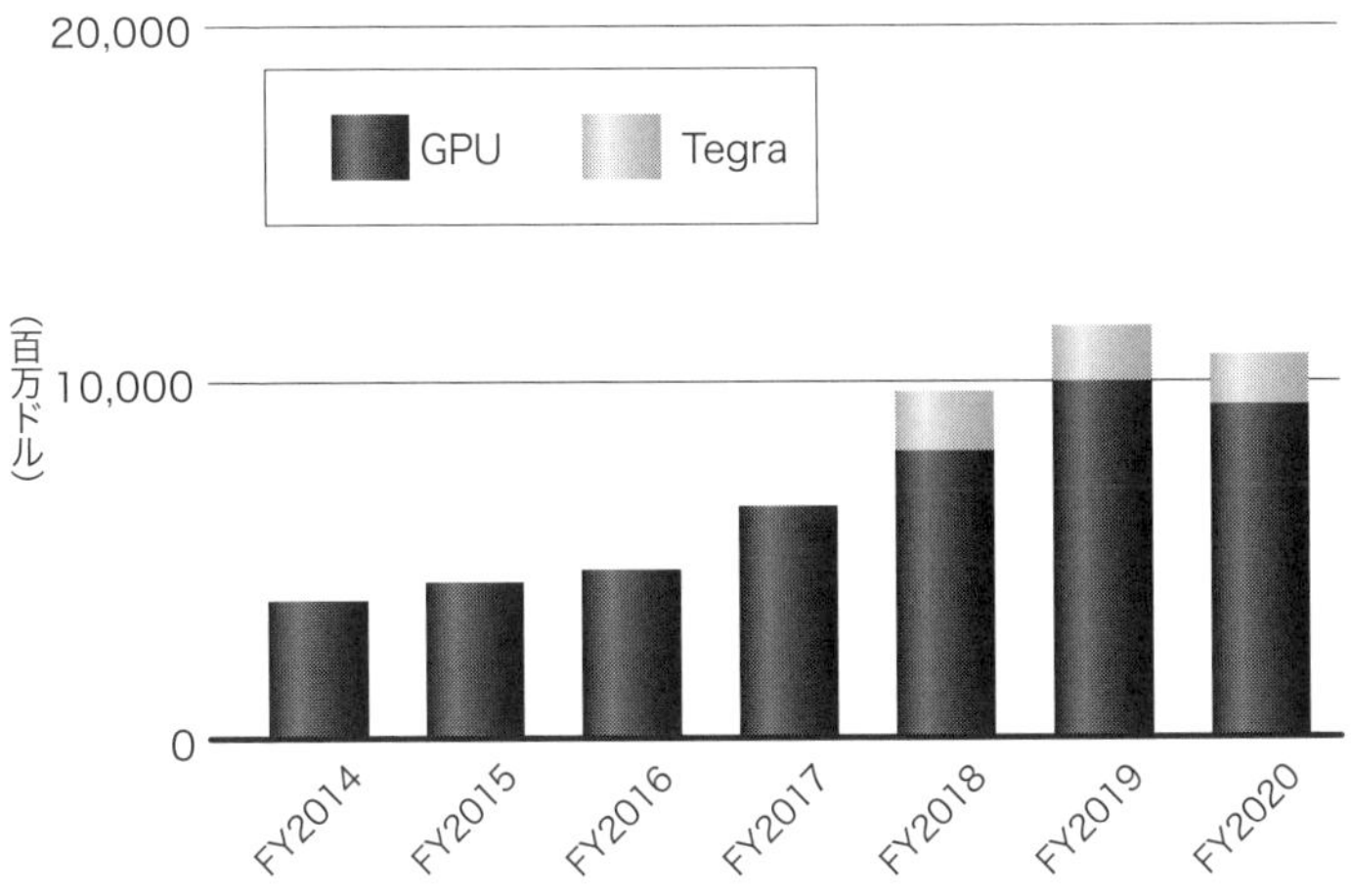

資料9-5 エヌビディア2020年度までの製品別売上

０１７年度に赤字額は９００万ドルと大きく改善し、２０１８年度以降に黒字化した。

エヌビディアは、２０２１年度からはグラフィックス部門とコンピュート&ネットワーキング部門の２つを事業の柱とすることに変更した。

グラフィックス部門に分類されたのは、ゲーム機やＰＣ向けのGeForce GPU、ゲームストリーミングサービスや関連するインフラ向けのGeForce NOW、企業向けワークステーションのグラフィックス向けのQuadro/NVIDIA RTX GPU、クラウドベースのビジュアルおよびバーチャルコンピューティングのvGPU、インフォテインメントシステム向けには自動車用プラットフォームである。

コンピュート&ネットワーキング部門に分類されたのは、データセンターのプラットフォーム、AIやHPC（スーパーコンピュータなどの高性能コンピューティング）のアクセラレータに向けた応用、買収したメラノックス社のネットワーキングとインターコネクトソリューション、自動車のAIコックピット、自律運転開発、自律運転のビークルソリューション、そしてロボットや組み込みシステム用の「Jetson」などである。

データセンター、ゲーム市場、自動車部門など

一方で、これまで通り市場別の分け方も残している。データセンター、ゲーム市場、写真のようなグラフィックスであるプロ仕様のビジュアル化（Professional Visualization）、自動車部門である。売上額は資料9-6のように、これらすべての分野で伸び続けている。これをグラフ化すると資料9-7になる。特にデータセンターの需要が急増していることがわかる。自動車やビジュアル化の市場の売上額はまだ少ないため、対数で表示したのが資料9-8である。対数グラフからは全分野が伸びていることがよくわかる。

部門別（単位億ドル）	FY2014	FY2015	FY2016	FY2017	FY2018	FY2019
データセンター	2.0	3.2	3.4	8.3	19.3	29.3
ゲーム市場	15.1	20.6	28.2	40.6	55.1	62.5
プロ仕様のビジュアル化	7.9	8.0	7.5	8.4	9.3	11.3
自動車部門	1.0	1.8	3.2	4.9	7.8	6.4

	FY2020	FY2021	FY2022	FY2023	FY2024	CAGR
データセンター	29.8	67	106	150	475	75%
ゲーム市場	55.0	77.6	124.6	90.7	104.5	11%
プロ仕様のビジュアル化	12.0	10.5	21.1	15.4	15.5	7%
自動車部門	7.0	5.4	5.7	9.0	10.9	11%

資料9-6　エヌビディアの部門別売上額の推移

自動車市場は、開発から商用化まで５〜７年間を要すると言われており、自動車メーカーと契約しても、売り上げとして計上されるのは５〜７年後になる。自動車分野での取り組みについては、半導体メーカーが勝手に公表することはないが、かなりの数の自動車メーカーとの話し合いに入っているようだ。

自動車分野では、例えば、ドライバーの前を行く物体が、クルマ、トラック、人、自転車などのいずれであるかを認識するためにＡＩ技術を生かせる。また、ＧＰＵの表示能力が発達したため、単なるメーター表示にとどまらず、クルマの状態などのさまざまな情報を表示できるようになり、ＡＩコックピットへとつながっていく。

現時点では、自動車分野の売上額はまだ少ない

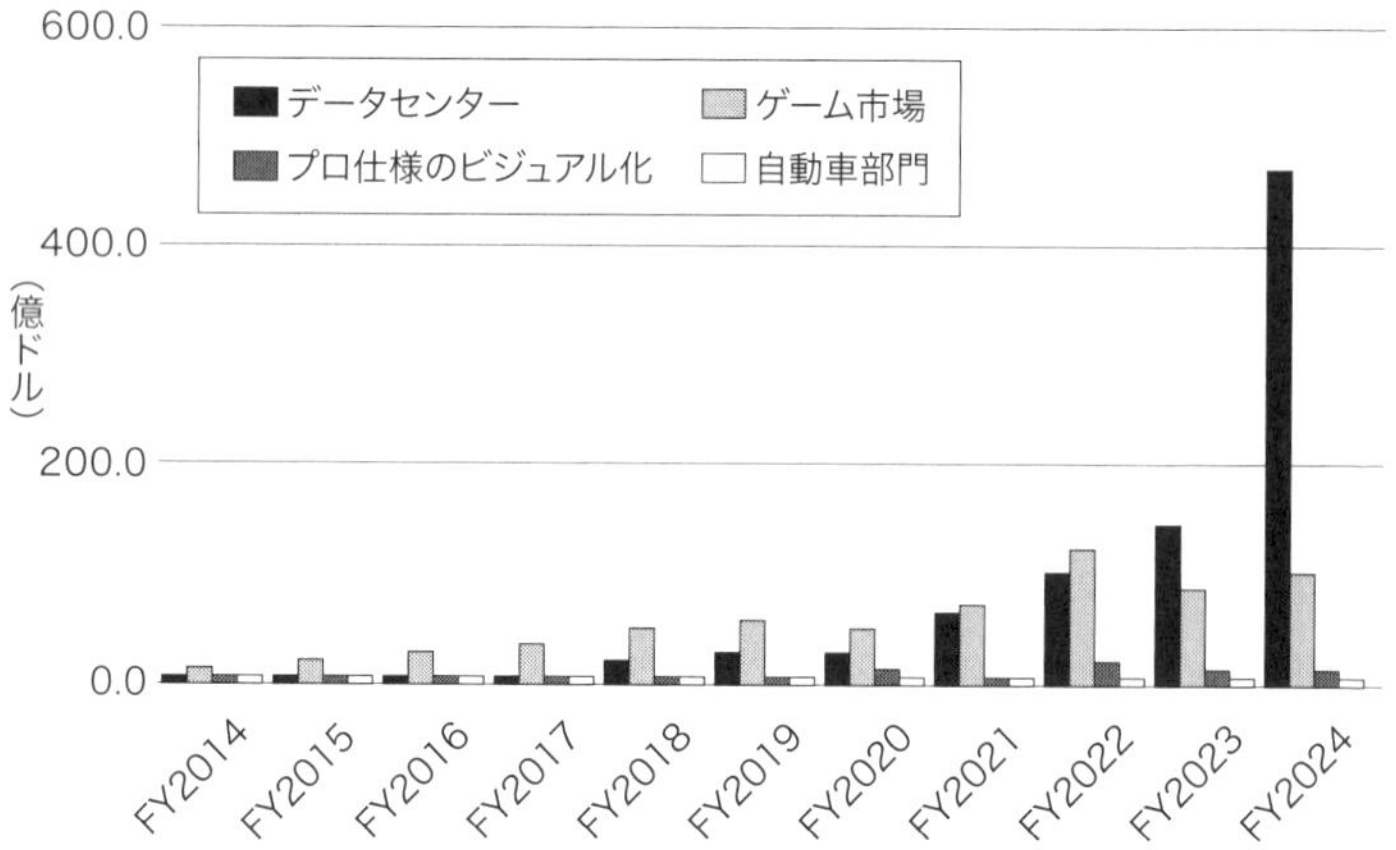

資料 9-7 エヌビディアの部門別売上

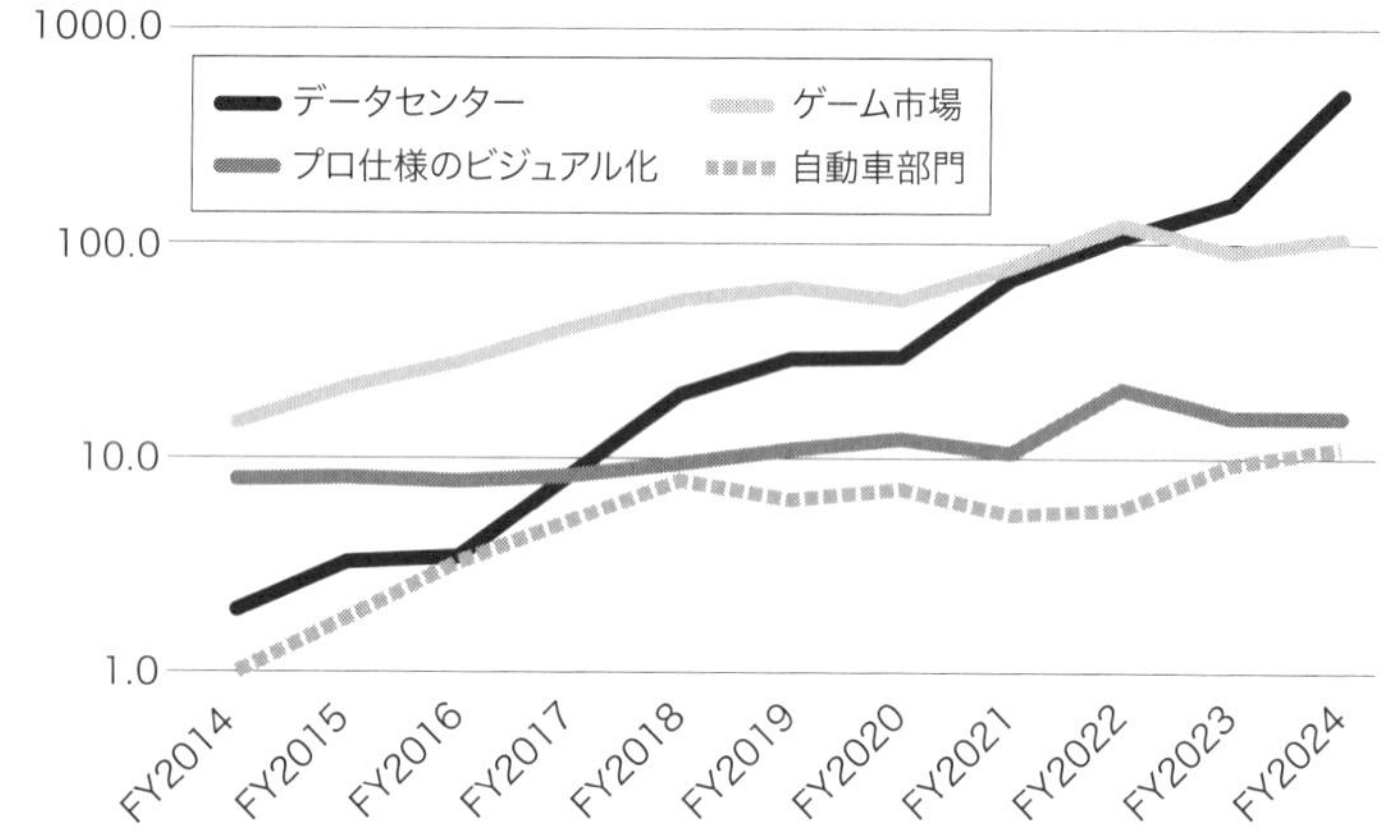

資料 9-8 資料 9−7の数値を対数グラフ化したもの

ものの、将来は大きく伸びていくことが予想される。

ソフトウェアＣＵＤＡも揃えた

ＧＰＵには並列演算器が大量に集積されており、それらをプログラミングすることは簡単ではない。このため、エヌビディアは２００６年に、ＣＵＤＡと呼ぶＧＰＵプログラム開発環境を開発した。これは標準的なＣ言語のようなプログラム言語を用いて、ＧＰＵに集積された多数の演算器を利用した並列処理のプログラミングを行なうものだ。

グラフィックスを手掛けているカナダのＡＴＩ（現ＡＭＤ）もエヌビディア同様、グラフィックス用のプログラム可能なシェーダーを開発していたが、エヌビディアはグラフィックス以外にも利用できるようにするためＣＵＤＡを開発している。

ＧＰＵをプログラムするためのソフトウェアには「DirectX」など他にもあったが、コンピュータグラフィックス専用となっていた。エヌビディアは、汎用的な言語で記述できてグラフィックス以外にも利用できるようにＣＵＤＡを開発したということだ。

ＧＰＵをプログラムするためには、ＧＰＵ内部の仕組みをある程度知っておく必要もあると言われている。ＧＰＵは簡単な積和演算器を並べた並列処理構造になっていることを理解しているとプログラムしやすい。ＧＰＵのハードウェアの構造はアタマに入れる必要があるが、その代わりＣＵＤＡは、C/C++やPythonなどの一般的な言語で記述できるというメリットがある。ＣＵＤＡは、C/C++言語を少し拡張した記述法でプログラムする形になっているという。プログラムしたソースコードをNVCCというＣＵＤＡ用コンパイラ（変換プログラム）でコンパイルすると、ＧＰＵ側ではバイナリで出力されるというわけだ。

エヌビディアのＧＰＵが、ＡＩ分野で独占的な地位を占めるようになったことも、ＣＵＤＡが後押ししている。ＡＩのニューラルネットワークモデルには、ＧＰＵで使われているような多数の簡単な積和演算回路が詰まっている。並列処理プログラミングという共通点があるため、エヌビディアのＧＰＵをＣＵＤＡでプログラミングすることでＡＩ（機械学習）を動かすことができるようになる。

電気や流体力学に役立つ数値計算

何度も言うが、ＧＰＵには多数の積和演算器が集積されている。積和演算、すなわち$A_1 \times B_1 + A_2 \times B_2 + A_3 \times B_3 + \cdots\cdots + A_n \times B_n$、と演算をたくさん並列に行なっているという意味である。このことは、数学の級数展開と同じような積和演算を行なっているということに他ならない。自然界の仕組みを複雑な数式で表し、それを解こうとしても解析的に解けない場合には、数値計算を使って近似的に解くことがよく行なわれている。

流体力学で熱の流れや空気の流れをシミュレーションする際に使う微分方程式は、そう簡単には解析的に解けないことが多い。特に２次元、３次元の流れをシミュレーションして解く場合などは方程式が複雑になりすぎるため、積和演算の数値計算によって近似的に方程式を解くことになる。

流体力学だけではなく、マックスウェルの電磁界方程式なども２次元、３次元にわたっていて解析的に解くことは難しいため、級数展開すなわち積和演算で近似的に解くことになる。

ＧＰＵは積和演算器を大量に持っているので、その機能を生かせる分野が広がっている。ＧＰＵがスパコンやデータセンターなどで使われるようになってきたのは、計算専用のアクセラレータとして用い、ＣＰＵの負荷を抑えて、計算速度を速くするためである。

天気予報にはスーパーコンピュータ（スパコン）が使われるが、日本列島の地図の上に気圧分布を重ねて描いて時間的な変化も加えていくと、計算量が非常に大きくなる。CPUだけでは負担が大きいため、GPUをアクセラレータとして生かすことができるのだ。

スパコンTOP500で上位10社のうち6社が採用

2024年6月に発表された世界のスパコン性能上位500台のうち、トップ10は資料9-9の通りだ。この資料からわかることは、エヌビディアのGPUが6社6台のスパコンに導入されていることだ。もっとも古いVolta GV100からA100、さらにH100、そして昨年発表された最新のGH200まで、エヌビディアのさまざまなタイプのGPUが使われている。

1位の米オークリッジ国立研究所の「フロンティア」はAMDのCPUとGPUで構成されており、2位の米アルゴンヌ国立研究所の「オーロラ」にはインテルの「Xeon」CPUと「ポンテベッキオ」GPUが使われている。エヌビディアのGPUは3位の「Microsoft Azure」の「イーグル」に使われている。

順位	システム	所属	国	性能	CPU	GPU
1	Frontier	Oak Ridge Natl Lab	米国	1.206 EFLOPS	AMD EPYC	AMD MI250X
2	Aurora	Argonne Natl Lab	米国	1.012 EFLOPS	Intel Xeon	Intel Ponte Vecchio
3	Eagle	Microsoft Azure	米国	561.2 Pflops	Intel Xeon	NVIDIA H100
4	富岳	理化学研究所	日本	442.01 Pflops	Arm 64	なし
5	LUMI	Euro HPC/CSC	フィンランド	379.7 Pflops	AMD EPYC	AMD MI250X
6	Alps	Swiss CSCS	スイス	270 Pflops	NVIDIA Grace	NVIDIA GH200
7	Leonardo	Euro HPC/CINECA	イタリア	241.2 Pflops	Intel Xeon	NVIDIA A100
8	MARENOSTRUM 5 ACC	Euro HPC/BSC	スペイン	175.3 Pflops	Intel Xeon	NVIDIA H100
9	Summit	Oak Ridge Natl Lab	米国	148.6 Pflops	IBM Power 9	NVIDIA Volta GV100
10	Eos NVIDIA DGX SuperPOD	NVIDIA	米国	121.4 Pflops	Intel Xeon	NVIDIA H100

資料9-9　世界のスーパーコンピュータ性能トップ10

威力を発揮するスパコンへの応用

スパコンにこれだけ多くのＧＰＵが使われているということは、ＧＰＵの計算能力がいかに高いかを示している。ＧＰＵを演算専用機として数値演算に使えば、性能が上がるとともにＣＰＵが計算する負荷が減る。

また、ＧＰＵを拡張すればスパコンシステムの性能が大きく上がることも知られている。２位のオーロラは前年の約２倍の１・０１２ EFLOPS（エクサフロップス）という値で速度を上げている。オーロラは前述のようにインテルのＧＰＵを使ったものであり、インテル独自の新ＧＰＵの威力がわかる。

資料９－９のなかでは、日本の富岳だけがＧＰＵを使わないスパコンである。欧米のスパコンはＧＰＵをアクセラレータとして使っているのに対して、富岳だけはＣＰＵですべての処理を行なっている。２０２０年から２０２１年まで世界のトップだった富岳は、その座を明け渡し、２０２４年６月時点では４位となっている。

かつては上位に食い込んでいた中国製のスパコンはもはやトップ10に入っていない。高性能半導体がスパコンの性能を決めるからだ。

スパコンの場合、半年や１年で内部の半導体を取り替えるわけにはいかないため、高性能半導体の威力はすぐには見えにくいが、新しい高性能なスパコンほど最新の半導体を使っている傾向がある。６位のスイスの新型スパコン「アルプス」は半年前まで圏外にいたスパコンである。彼らはエヌビディアが発表したGH200という最新のＧＰＵを使うことで圏外からいきなり６位に入った。新しい高性能な半導体チップを使えば、これまでにない性能が得られることがわかるだろう。

第10章

広がる技術と、各国企業との幅広い連携

エヌビディアのパートナーは増え続け、現在は11137団体

現在、エヌビディアのソリューションビジネスは、6つの領域から成り立っている。①AI、②データセンターとクラウドコンピューティング、③デザインとシミュレーション、④ロボティクスとエッジコンピューティング、⑤ハイパフォーマンスコンピューティング、⑥自動運転車両である。

AIやコンピュータの活用は、さまざまな業界に及ぶ。製造業や金融、社会インフラ事業、運輸交通、通信、医療・ヘルスケア、教育、環境、経済、気象情報などほとんどすべての産業で必要とされている。このため、エヌビディアのブログホームページを開けてみると、パートナーシップを結んだというニュースがずらりと並んでいる。

例えば、製造請負サービスの台湾フォックスコンや、企業向けERP（企業資源計画）ソフトウェアのドイツのSAP、欧州のデジタル銀行Bunqなどの名前が並んでおり、さまざまな産業とパートナーシップを組んでいることを窺《うかが》い知ることができる。エヌビディアパートナーネットワークのウェブサイト（https://www.nvidia.com/en-us/about-nvidia/

partners/partner-locator/?page=1）を見ると、1137団体ものパートナーがいる。このうち、エヌビディアが力を入れ始めている自動車産業について見てみよう。

「NVIDIA DRIVE」プラットフォーム上で開発している企業の業界は、自動車メーカー、トラックメーカー、移動サービス、ティアワンサプライヤー、シミュレーション、センサー、ソフトウェア、HDマッピングなど多岐にわたり、それぞれの業界の企業と提携をしている。

自動車メーカーでは、中国のBYD、ボルボ、メルセデス・ベンツ、ポールスター。シミュレーションでは、アンシス、マスワークス、dスペース。ティアワンサプライヤーでは、ボッシュ、コンチネンタル、ハーマン。ソフトウェアでは、レッドハット、ブラックベリーQNX、富士ソフト。センサーメーカーでは、ソニー、オンセミ、オムニビジョンなどが並ぶ。

独SAP社との提携

提携の具体的な例を見てみよう。もっとも新しい提携事例として、2024年6月4日から台北で開催された「COMPUTEX TAIPEI 2024」で発表されたニュースを紹介したい。

この時、複数の提携が発表されたが、1件目はドイツのERPソフトウェアベンダーのSAP社との提携である。SAPとエヌビディアが手を組み、次世代企業向けアプリケーションの開発に、生成AIと工業用デジタルツインを束ねる技術を発表した。SAPは同じ時期に同社のプライベートセミナーを米国フロリダ州オーランドで開催しており、CEOのクリスチャン・クライン氏が台湾に滞在中のエヌビディアのCEOフアン氏とともにオンラインで出演した。

SAPはクラウドにも力を入れているソフトウェアベンダーであるが、自社のインテリジェント製品推奨ソリューションのなかに、「NVIDIA Omniverse Cloud」のAPI（Application Programming Interface）を統合する。統合によって、SAPの推奨するソリューションシステム内で、製品のデジタルツインを3次元的に見られるようになるのだ。どのような構成の装置が物理的にピッタリ収まるかを事前に可視化してチェックできるため、開発期間を短縮できる。

米シスコ・システムズ社との提携

2件目は、米ネットワーク機器のシスコ・システムズ社との提携だ。シスコは「Cisco Nexus HyperFabric」ＡＩクラスタソリューションをCisco Live（シスコ主催の世界最大級ＩＴイベント）の開催場所で発表した。この大きなＡＩクラスタシステムに、エヌビディアのアクセラレーティングコンピュータプラットフォームと、「NVIDIA AI Enterprise」ソフトウェア、「NVIDIA NIM（ニム、NVIDIA Inference Microservices）推論マイクロサービス」を使っていることを明らかにした。エヌビディアとシスコとの協業による成果だ。

シスコの「Cisco Nexus HyperFabric」は、企業が生成ＡＩを動かすためのソリューションである。「企業のアプリケーションを生成ＡＩのアプリケーションに変換するためには、コンピュータのインフラも巨大にならざるを得ない」とシスコの責任者は述べている。

巨大なシステムを速く動かすためには、アクセラレータともいうべきコンピュータシステム（ＧＰＵ＋ＣＰＵ＋ネットワークチップなど）とＡＩソフトウェアが必要となる。エヌビディアのＡＩシステムが求められているというわけだ。

欧州のデジタル銀行バンクとの提携

３件目は、欧州のデジタル銀行バンク（Bunq）との連携である。バンクはエヌビディアのアクセラレーティングコンピュータ技術とＡＩを利用することによって、金融詐欺を発見する速度を１００倍に上げた。フリーの銀行を標榜《ひょうぼう》するバンクは、いつでもどこでもオンライン取引ができることが売りだ。顧客のニーズが高まるにつれ、バンクは金融詐欺とマネーロンダリングへの対処が必要になってきた。そこにエヌビディアの生成ＡＩが導入されている。

従来のルールベースのアルゴリズムでは、詐欺やマネーロンダリングのリスクを示す行動が現れるかどうかの判断を間違えることが多かったという。手作業でやり直すことが多く、金融詐欺が蔓延《まんえん》するようになってきた昨今は、量的にも対応しきれなくなってきた。そこで生成ＡＩを導入することになった。ＡＩの「教師あり学習」と「教師なし学習」を使って、取引モニタリングシステムを開発することによって、手作業を減らすことができると期待されている。

顧客のエヌビディアが、ＴＳＭＣのサプライヤーになることも

エヌビディアはファブレス半導体メーカーであり、半導体チップの製造はＴＳＭＣに依頼している。いわばＴＳＭＣがサプライヤーで、エヌビディアは顧客という関係だった。そのＴＳＭＣが使う新しいリソグラフィ装置に、エヌビディアのコンピューティング技術を導入するという事例もある。今度はＴＳＭＣが顧客でエヌビディアがサプライヤーとなる。

現在の最先端プロセスである２㎚プロセスノードをＴＳＭＣやインテル、サムスン、ラピダスなどが開発中だが、実は２㎚プロセスノードといっても実際の最小加工寸法は10㎚程度になる。リソグラフィ装置としてはＸ線の波長に近いＥＵＶ（極端紫外線）技術が使われることになるが、ＥＵＶの光の波長は13・５㎚であり10㎚よりも長い。このまま光をマスクのパターンに当てても、シリコン上では狙い通りのパターンを描いてくれない。波長よりも小さな隙間には光が入っていかないからだ。光には縦波と横波があり、どちらか

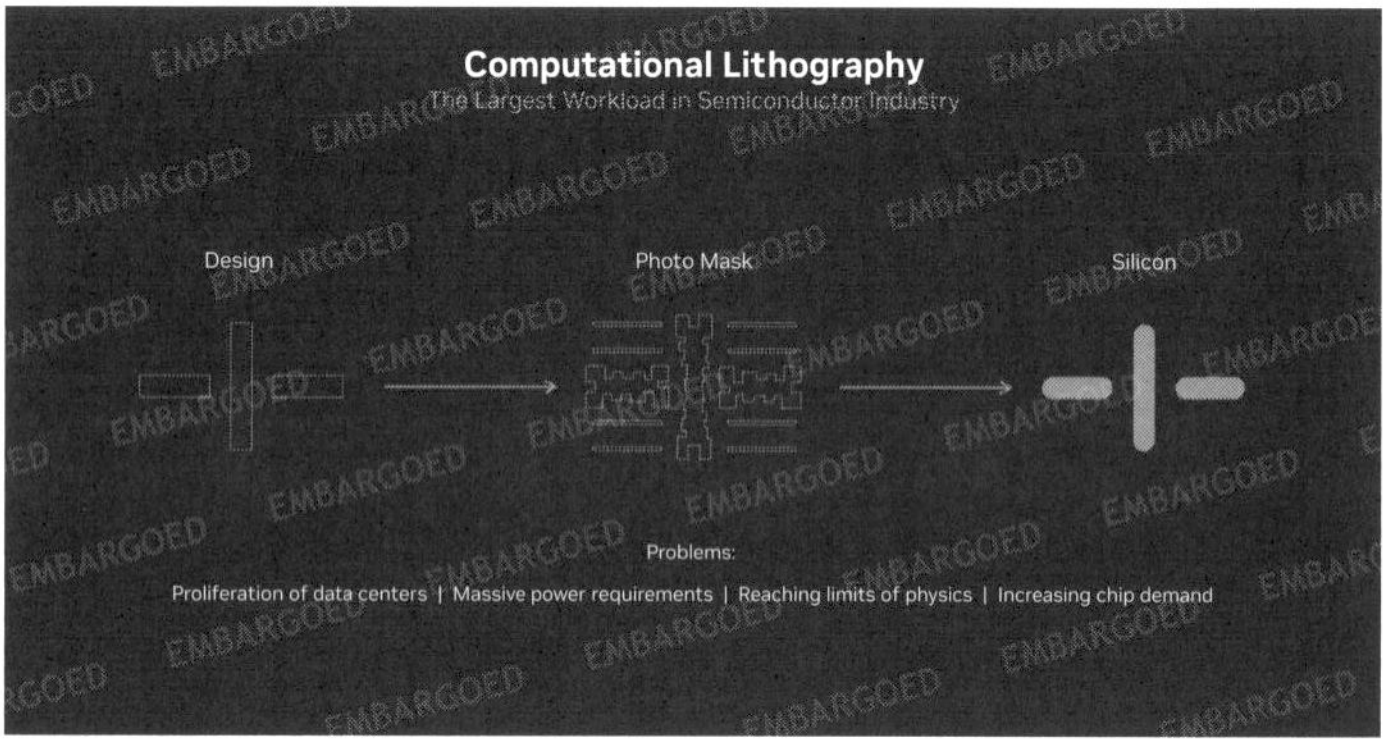

資料10-1 計算機リソグラフィでシリコン上のパターンと同様になるように計算

一方の波しか通過できない。光の滲《し》みだし効果もあり、少しは入っていくが正確なパターンを描くことができない。

そこで、シリコン上では設計通りのパターンになるようにフォトマスクのパターンをあらかじめ修正しておく（資料10－1）。では、どうやって最適なフォトマスクに修正するのか。

波長１９３㎚のＡｒＦレーザーリソグラフィの時代は、光源の形を変えたり、試行錯誤的に手作業で修正したりしていた。この修正作業はＯＰＣ（光近接効果補正）と呼ばれている。いわば勘所をつかんで、ＡｒＦリソグラフィよりも短い寸法のパターンに対処していたのである。

しかし、ＥＵＶのような軟Ｘ線技術は、光の性質がレーザーとは違い複雑なため、マスク修正を手作

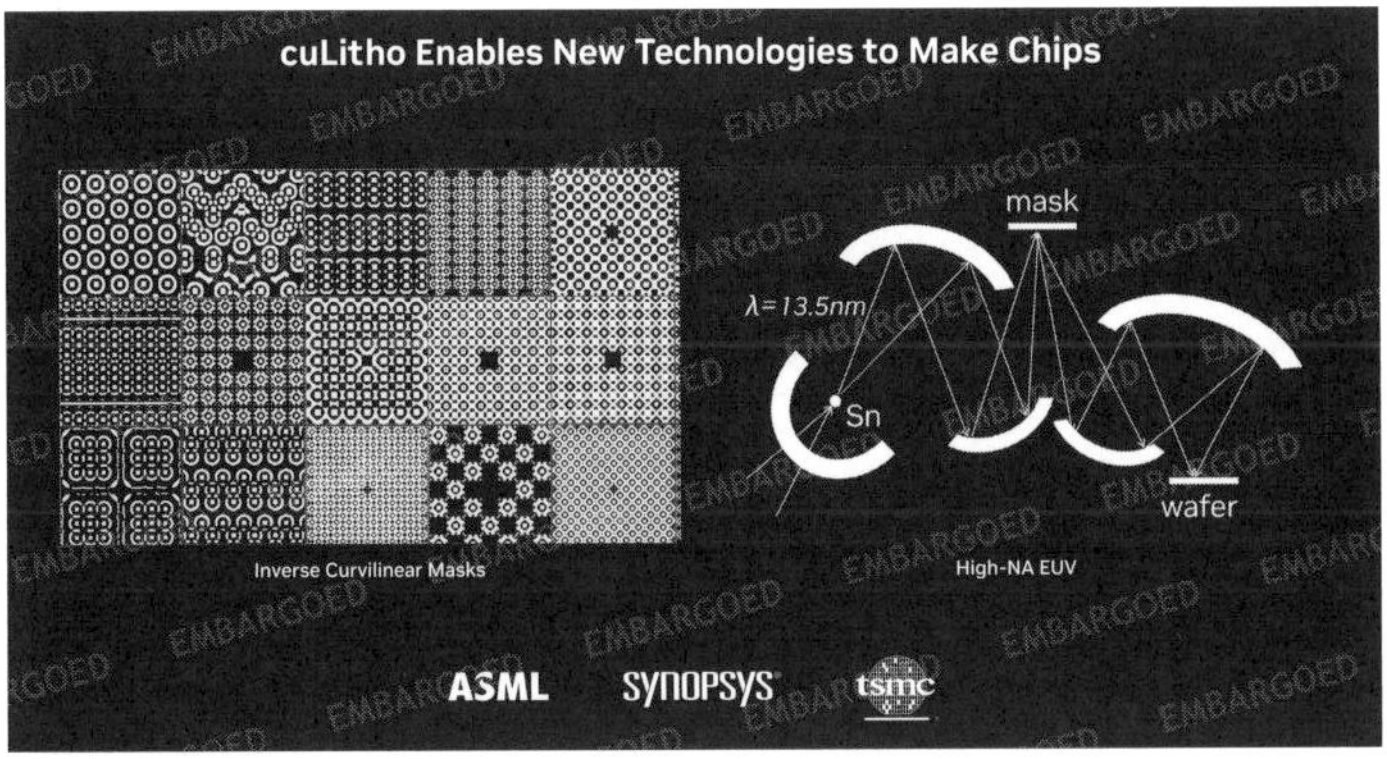

資料10-2　高NAの最新EUVシステムにcuLithoが採用

業ではなく、計算機を使って光路を近似計算するようになってきた。これが計算機リソグラフィ技術（Computational Lithography）で、そのソリューションをエヌビディアは「cuLitho（キューリソ）」（資料10―2）と呼んでいる。

TSMCやASMLの技術だけでは問題解決が難しいため、2023年3月にTSMC、ASML、エヌビディア、そしてフォトマスク出力まで設計できるツールを提供するシノプシスの4社がエコシステムを組んだ。実績のあるシノプシスの「Proteus（プロテウス）」と呼ぶOPCソフトとエヌビディアのcuLithoが統合された。

エヌビディアのcuLithoをTSMCのラインに導入し、テストした結果、曲線的なパターンを得る速度が45倍速くなり、縦と横の直線的なパターンの

「マンハッタン」マスクでは60倍も速くなったという。

エヌビディアはこの1年で、生成ＡＩを適用してcuLithoの価値を高めるためのアルゴリズムも開発してきた。生成ＡＩの適用によって光の回折を考慮し、反転マスクや反転ソリューションもほぼ完璧にできるようになるとしている。そこにProteusのＯＰＣで補正を加えることで、最終的にマスク作成時間は2倍速くなるという。

これまでのＧＰＵ計算ではＨ１００製品を使ってきたが、将来はエヌビディアの最新の製品Blackwell GPUを使うようだ。

必要なすべてのソリューションを提供

エヌビディアは、ゲーム用のグラフィックスから始まり、そこで培ったＧＰＵを数値演算専用のコンピューティングアクセラレータへと発展させ、さらにニューラルネットワークモデルを使ってＡＩを実現するようになった。

では、エヌビディアの強みは何か。ゲーム分野、コンピューティング分野、ＡＩ分野に共通する強みは、ＧＰＵグラフィックスプロセッサという「ハードウェア」、並列演算を容易にするＣＵＤＡという「ソフトウェア」、さらにはカスタマイズや検証するための開発環境など、システム化するために必要な技術を盛り込んだソリューションすべて提供できることである。

同社は自らを「プラットフォーマー」と呼んだりしている。また、最近のファン氏は、「ＡＩファウンドリ」と呼んでいる。

ここからは、エヌビディアが力を入れているＡＩを活用した自動運転車、医療・ヘルスケア、メタバースなどの分野の事例を通じて、エヌビディアの強みを見てみよう。

自動運転システムのすべてを提供

「NVIDIA DRIVE AGX」は、自動運転や車内での没入体験ができるシステムを開発するのに必要なハードウェアとソフトウェアを含むプラットフォームである。これは、NVIDIA DRIVE OSで動作するオープンなモジュール方式のプラットフォームになっている。

このプラットフォームにセンサーなどのアクセサリを加えると、自動車メーカーは自動運転機能や車内のＡＩ体験を構築できるようになる。これらの機能は、無線でデータを飛ばすＯＴＡ（over the air）を通じて、ソフトウェアを更新することができる。

ここでのハードウェアとは、言うまでもなく半導体チップのことである。エヌビディアは２種類のチップを用意している。一つは「DRIVE Orin（オリン）」と呼ぶＳｏＣである（資料10－３）。ＳｏＣは極めて複雑な高集積ＩＣで、ソフトウェアを埋め込むＩＣのことだ。演算能力が２５４ＴＯＰＳ（Trillion Operations per Second：１秒間あたり１兆回の演算）と高く、インテリジェントなクルマの中央コンピュータとして使える。自動運転能力を高めたり、コンフィデンスビュー機能（クルマの周囲を見てどのように行動すべきかを確認する機能）を付けたり、液晶画面のデジタルメーター機能を実現したりして、ＡＩコックピットを実現できる。

もう一つは「DRIVE Thor（ソー）」というＳｏＣ（資料10－４）で、さらなる次世代のカーＡＩコンピュータのチップである。安全でセキュアなシステムであり、ＡＤＡＳ（Advanced Driver-Assistance Systems：先進運転支援システム）や車内のインフォテインメントを実現できる。このＡＶ（Autonomous Vehicle：自動運転車）プロセッサには、ＣＰＵと最新のＧＰＵである「Blackwell」を集積しているため生成ＡＩに使うことができる。

資料10-3 NVIDIA DRIVE Orin

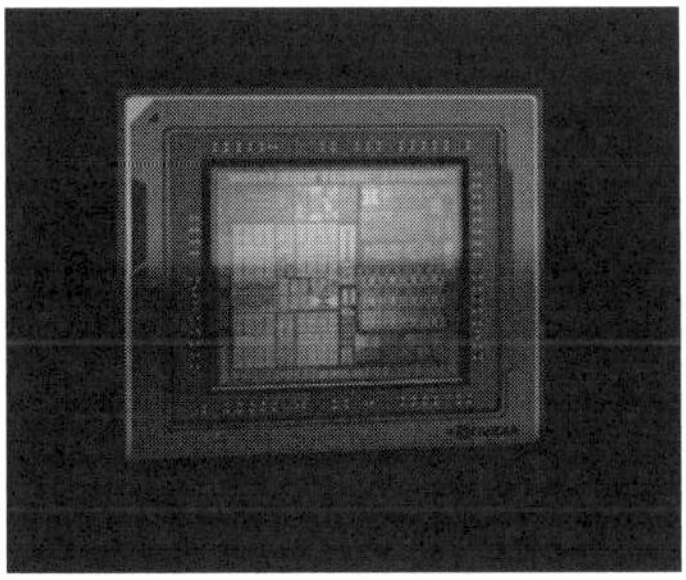

資料10-4 NVIDIA DRIVE Thor

これらの半導体チップだけではなく、半導体を実際のプリント回路基板に搭載して動作を試してみることのできるリファレンスデザインボードも提供している。

DRIVE Orinやセンサーなどをセットにして搭載したリファレンスボード「NVIDIA DRIVE Hyperion（ハイペリオン）」を使えば、開発やテスト、検証などを加速できる。このボードには車外を撮影するためのカメラ12台と、車内撮影用カメラ3台、車外用のレーダー9台、車内用のレーダー1台、超音波センサーシステム12台、前面用のライダー（LiDAR：赤外線レーザーを使って周囲をスキャンすることで周囲の物体を検出するセンサー）1台、地面の凹凸などのデータを採るためのライダー1台を取り付けてデータを処理することができる。

ソフトウェアとしては、OS（オペレーティングシステム）「DRIVE OS」を用いている。これは車内向けコンピュータ用の安全な基本ソフトである。この基本ソフトには、効率よく並列動作をさせるための「NVIDIA CUDA」ライブラリや、リアルタイムでAIの推論を行なうための「NVIDIA TensorRT（テンソロアールティー）」、センサーからの入力データを処理するための「NvMedia」などが含まれている。

ＯＳに加えて、ミドルウェアと呼ぶべきソフトウェアも用意されている。「NVIDIA DriveWorks」というＳＤＫ（Software Development Kit：ソフトウェア開発キット）である。このＳＤＫには、自動運転ソリューションを開発できるようにするため、広範囲なモジュールのライブラリや、開発者向けのツール、リファレンス用のアプリケーションソフトなどを含んでおり、NVIDIA DRIVEプラットフォームのコンピューティングパワーを最大限に引き出すことができる。

ヘルスケア・医療向けのプラットフォーム

人間の健康管理（ヘルスケア）を支援する分野にもエヌビディアは注力している。ヘルスケア・医療分野に注力するのは、新しいコンピューティング技術を使えば、将来のヘル

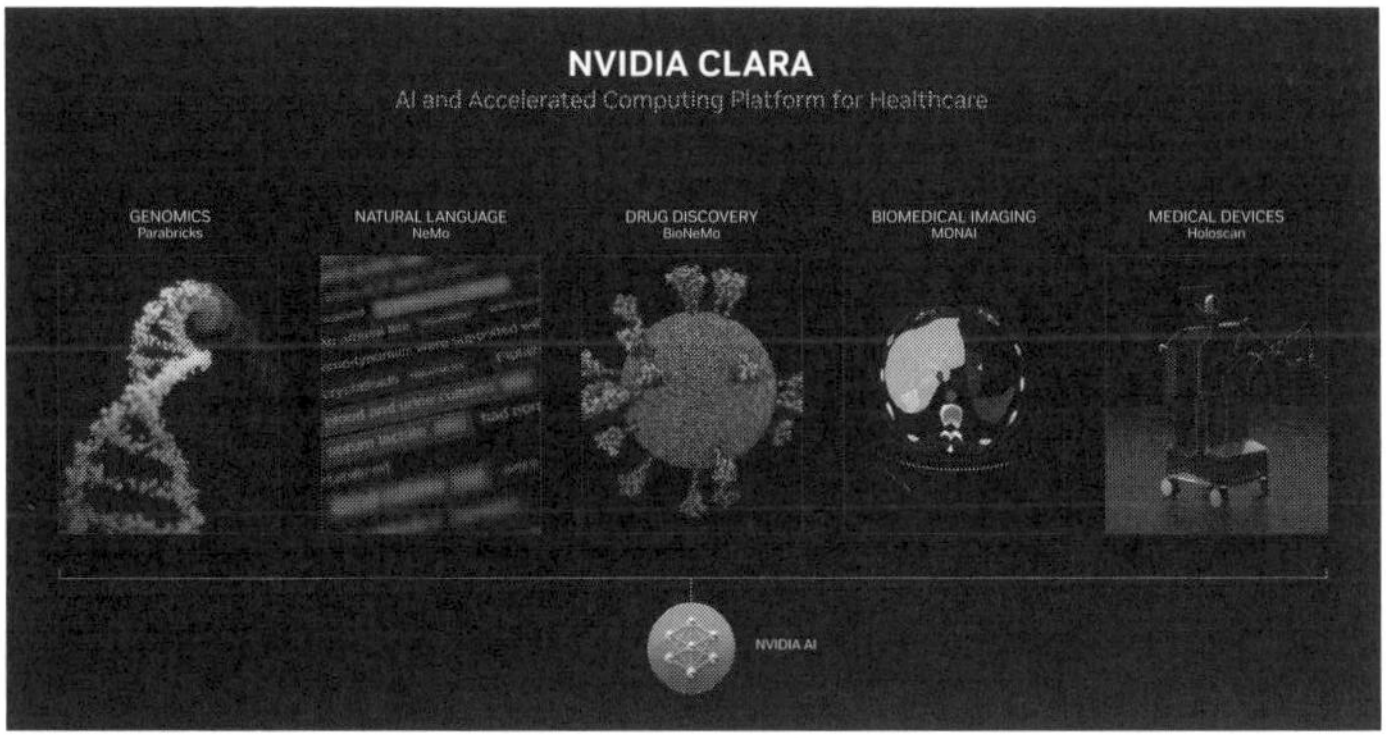

資料10-5　ヘルスケア・医療向けのNVIDIA Claraプラットフォーム

スケア・医療に革命を起こせる可能性があるからだ。次世代の医療ともいうべきパーソナル治療への支援によって、ケアの質を高めたり、病気を治したりするためのバイオメディカル研究におけるブレイクスルーを起こすことも可能だ。

そのために、「NVIDIA Clara（クララ）」と呼ぶヘルスケア業界向けのプラットフォームを提供している。ゲノミクス（遺伝子解析）用のParabricks（パラブリックス）、自然言語処理用のNeMo（ネモ）、創薬発見用のBioNeMo、バイオメディカル画像作成用のMONAI、医療機器向けのHoloscan（ホロスキャン）などのプラットフォームである（資料10－5）。

「NVIDIA Parabricks」は、アクセラレーテッドコンピューティングを活用して、数分以内にデータを処理するためのスケーラブルな遺伝子解析ソフトウェアだ。さまざまなバイオインフォマティックのワークフローをサポートし、確度の高いカスタマイズをするためのＡＩを搭載している。将来のパーソナル医療においては、患者がどのような遺伝子情報を持っているのかを解析するために使う。

「NVIDIA BioNeMo」は、バイオ専門の生成ＡＩ、創薬開発のための生成ＡＩプラットフォームである。企業の独自データを使い、創薬アプリケーションのモデルを拡張しながら、モデル学習を簡略化し速めていく。BioNeMoは、ＡＩモデルを開発し適用するための作業を速めることができる。モデルの学習には「NVIDIA DGX Cloud」を利用し、BioNeMoフレームワークをダウンロードすることによって、エンドツーエンドで学習させることができる。個人の遺伝情報をもとに、その人だけに効く薬を早く開発するためにも使える。

医療機器向けの「NVIDIA Holoscan」は、病院で撮影したデータをリアルタイムで処理し拡張性も求められるようなフルスタックのインフラを提供する。ＡＩのアプリケーションを搭載した医療機器を直接手術室に持ち込み、Holoscanを使って画像データを処理し、ＡＩプラットフォームで推論する。例えば、手術室内で画像を見ながらがんかどうかを見分けられるようになる。新人医師でもがんを見分けられるようになれば、医師不足の解消につながる。その結果、病院の医療チームは、リアルタイムで患者特有の症状を判断し、手術方法などを推奨できるようになる。それには、データセンターからエッジまで遅延の少ないデータ処理のパイプラインを構築しなければならない。

Holoscanとともに使うＡＩとしては、「NVIDIA IGX」と呼ぶ工業グレードのエッジＡＩプラットフォームがある。イメージセンサーが捉えた画像をリアルタイムで処理するためには、ＡＩ性能だけではなく、高いバンド幅の処理性能が求められる。また、セキュリティを守るために、自動車分野と同様の安全性の高い仕組みが採用されている。

Holoscanプラットフォームには、ＡＩコンピュータNVIDIA IGXと、このコンピュータ上でエッジＡＩのアプリケーションソフトウェアを開発するためのNVIDIA IGX開発キット、そして「Holoscan SDK（ソフトウェア開発キット）」が用意されている。

最近、台湾の大手2大病院であるＮＨＲＩ（National Health Research Institutes）と長庚記念病院が、エヌビディアのアクセラレーテッドコンピューティング技術と生成ＡＩ技術を導入した。患者のケアの質を高めたり、病院業務のワークフローを合理化したりすることを狙っている。

医療とエレクトロニクスの結びつきは、エヌビディアの技術だけにとどまらない。例えばデジタル絆創膏《ばんそうこう》という、センサーを使って取得した体温や汗などのデータをブルートゥースなどでスマホに送り、そのデータをさらに病院に送るという技術の開発も進んでいる。

エヌビディアは、将来のパーソナル医療に向けて、検査、解析、診断、治療へとつながるソフトウェア、ハードウェアのプラットフォームを少しずつ準備し始めている。

メタバースへの応用

以上、2つの事例は、AIを自動運転やパーソナル医療に生かせるという未来志向の例だ。この他、40ページでも触れたデジタルツイン(シミュレーションで現実の世界と同じ状況を作り出し、現在の問題解決に挑む技術)という現実のものと瓜二つのシミュレーション結果を可視化するメタバースへの応用も進めている。

最近、テレビやSNSなどで「AIが作ったフェイク画像」と称して、現実に近い映像を流す事例を見かける。しかし、この表現は、写実的な映像すべてをAIが作成したという誤解を与えかねない。映像は確かに生成AIが作ったものではあるが、現実と見間違え

資料10-6 エリクソン社と協力して5G電波の伝達をシミュレーション

るほど写実的な画像はＡＩが作ったのではなく、第２章で紹介したレイトレーシング技術で作成されたものである。

オムニバースプラットフォームは、クルマのような製品や、街にある建物といった物理的なモノを設計するために、デジタルツインを実現するツールである。

エヌビディアは、GTC(GPU Technology Conference)２０２１で、スウェーデンのエリクソン社と協力し、５Ｇの電波がどのような強さで出ているかをシミュレーションし、それを可視化している（資料10-6）。このシミュレーション結果から、簡易基地局をどこにどのように配置すると５Ｇサービスを最適にカバーし、加入者に最適なサービスを提供できるかを可視化できるようになる。この技術を、日本の通信業者が使うことができれば電波状況に関して改善点を得られるだろう。

普及したら、さらにGPUが売れる

オムニバースを使ってシミュレーションし可視化する場合には、GPUを使ったコンピュータが欠かせない。単なるチップ設計を超え、そのチップを使ってもらうためのソフトウェア基盤（プラットフォーム）を作り、さらにそれをすべてのモノづくりデザイナーに使ってもらえるようにする。これがエヌビディアの戦略なのである。

オムニバースのプラットフォームを普及させれば、ソフトウェアだけではなく、高性能コンピュータというハードウェアも売れ、そのキーとなるGPUも売れる、というわけだ。

オムニバースは、さまざまなソフトウェアモジュールを組み込むことができるように拡張性を持たせている。AR（拡張現実）やVR（仮想現実）のような没入型のグラフィックスを使ってアバターを作り、そのアバターとの対話を通してシミュレーションなどの作業を行なうこともできる。

資料10-7 自動運転車に液晶でアバターのコンシェルジュ（中央）を搭載

例えば、「Omniverse Avatar（アバター）」と呼ぶサブプラットフォーム上では、クルマの走行中に、アバターがコンシェルジュとして道路案内や混雑状況を知らせる「DRIVE Concierge（コンシェルジュ）」と、自律走行を強化する「DRIVE Chauffeur（ショーファー：おかかえ運転手の意味）」が使われている（資料10－7）。

2024年1月にラスベガスで開催されたCESにおいて、クアルコムCEOのクリスティアーノ・アモン氏が興味深いことを話していた。「将来、イーグルスの『Life in the Fast Lane』という歌のように、ドライバーがクルマ（彼女：she）と話しながら運転するようになるかもしれない」と。そんな世界が、現実に近づいているのかもしれない。

エヌビディアの強みはプラットフォーマー

これまでの事例からわかることは、エヌビディアは単なるファブレス半導体メーカーではない、ということだ。GPUやAIチップなどの半導体チップというハードウェアを持っているが、用途開発を手助けするソフトウェアライブラリやソフトウェア開発ツール（開発環境）などのプラットフォームを持つプラットフォーマーでもある。

エヌビディアは、顧客がやりたいことを実現させるための「ハードウェア」と「ソフトウェア」、さらには「ソフトウェア開発環境」も提供する。これらすべてを提供でき、顧客のソリューションを支援していることがエヌビディアの最大の強みだ。

顧客の望む機能を実現させる

もしエヌビディアが、顧客に対してGPUという半導体チップだけを提供するとすれば、多くの顧客はGPUのことをよく知らないため、「使ってみよう」という行動には至らないだろう。かつて日本の半導体メーカーが没落していった要因の一つは、エヌビディアが提供するようなソリューションの必要性を認識していなかったことにもある。

日本のある半導体大手のエンジニアは、顧客が使いやすいようにするための開発ボードを試作していたところ、上司から「そんなものを作るより、半導体チップを売ってこい」と言われたそうだ。このエンジニアは顧客が喜ぶと思って、チップを載せたボードを作り、「このチップを使えば、こんなことができる、あんなことができる」と顧客に示したかった。にもかかわらず、上司はそのことを理解できなかったのである。

半導体チップの外形は、黒いプラスチックモールドの脇から金属のリード線が出ているだけの物体だ。これだけ見てもどうやって使うのかわからない。しかもムーアの法則に従って、集積度が高まれば高まるほど中身が複雑になり、どの端子をどうつなげてどのような機能を実現できるのか、半導体のサプライヤーが示さなければ顧客には理解できない。

さらに半導体ICチップは、CPUを集積するようになってきているため、それに応じたソフトウェアが求められる。ICチップの差別化は、顧客の望む機能を実現できるかどうかにかかっている。顧客の望む機能を実現させるためには、回路基板ボードというハードウェアだけではなく、ソフトウェアが欠かせなくなっている。ソフトウェアはチップにとって重要な部品になっているのだ。

トータルソリューションを提供

ここまで見てきたように、エヌビディアの強さは、開発環境を含むトータルソリューションを提供できることにある。このトータルソリューションとは、その企業のシステム全体で総合的に問題解決することを指す。

かつてはゲーム分野を中心としていたが、コンピュータ演算（アクセラレーテッドコンピューティング）、計算結果のビジュアル化（美しい可視化）、AIなどが加わることによって、幅広い分野にわたってソリューションを提供できるようになった。エヌビディアの強みはさらに増している。

エヌビディアは、AIと半導体という2つの成長産業に向けてトータルソリューションを提供している。そしてこれからの未来に向けて、ますます成長していくことが大いに期待された。その成長性を買われて株価は急騰し、創業から31年で世界のトップに躍り出たのだった。

エヌビディアは他社とどう違う？

では、ＡＩと半導体の両方を手掛けている企業は他にないのか、と問われれば、他にもある。インテルとＡＭＤだ。

インテルは、ポンテベッキオというコード名のＧＰＵチップが米アルゴンヌ国立研究所のスーパーコンピュータ「オーロラ」に使われている（１７２ページ）。最近インテルは、エヌビディアに対抗するGaudi 3というコード名のチップを開発している。

ＡＭＤも、MI300Xというコード名のＡＩチップに次ぐMI325Xと呼ぶチップを２０２４年６月に台湾で開催されたCOMPUTEX TAIPEI 2024で発表している。

これらは、エヌビディアの生成ＡＩチップに対抗する製品である。

インテルもＡＭＤも、この時に新しい半導体チップの紹介はしたが、ソフトウェアに関する発表はなかった。繰り返し述べてきたように、エヌビディアの強みは、ハードウェアだけでなく、ソフトウェアやソフトウェア開発環境まですべてを提供できることである。

エヌビディアを超える企業は現れるのか

ＡＩと半導体はこれからの成長産業であるため、ＡＩ半導体チップを開発するスタートアップも続出している。米国のセレブラス社やサンバノバ社、最近ＳＢＧが買収した英グラフコア社などが生成ＡＩを取り扱うことのできる半導体スタートアップである。これらの企業に共通するのはファブレス企業であること。ファブレスは、製造のことを気にする必要がないため、設計に集中できる。

スタートアップのなかでは、セレブラスのウェーハスケールＡＩチップが注目されている。セレブラスは２０２４年3月に新型のＡＩチップ CS-3 をリリースし、エヌビディアの最新ＡＩチップである B200（別名 Blackwell）と比較検討している。比較したのは次の４つである。

1　セレブラス　CS-3 チップ
2　エヌビディア　B200

3　エヌビディア　B200を8個搭載したサーバ DGX B200
4　エヌビディア　B200を72個搭載したコンピュータラック GB200 NVL72

その結果、FP16（16ビットの浮動小数点演算）のAI性能は、セレブラスのCS-3が125 P（ペタ）FLOPS（1秒間の浮動小数点演算の回数）であったのに対して、エヌビディアのB200は4.4 PFLOPS、DGX B200は36 PFLOPS、GB200 NVL72は360 PFLOPSとなった。

性能ではエヌビディアのGB200 NVL72がセレブラスのCS-3より2・88倍高かった。ただし、消費電力はGB200 NVL72のほうが5・2倍も多いという結果だった。このことは、1Wあたりの性能、すなわち電力効率においてはセレブラスのCS-3のほうが優れていることを意味している。

セレブラスはまだスタートアップにすぎず、資金調達の問題もある上に未上場なので財務内容も公表されていない。しかしながら、エヌビディアといえども油断は禁物である。エヌビディアの一人勝ちがいつまで続くのかは誰にもわからない。

後述するが、フアン氏は10年単位でものを考える人だ。現在のAI技術は10年後の再発明の時代までの過渡期にあるといえそうだ。おそらく、その間にＡＩの進化が進み、プレイヤーは大きく変わるかもしれない。

インテルは２０２４年2月に「Intel Foundry Direct Connect」を開いた。そのイベントで、ゼネラルマネジャーのスチュアート・パンＳＶＰ（シニア・バイス・プレジデント）は「ＴＳＭＣはファウンドリモデルで大成功した。しかしボブ・ディランによれば『時代は変わる』（The 'The Times They Are A-Changin'）」。今はトップでも将来はビリになるかもしれないが、今はビリでも将来トップになるかもしれない、という時代の移り変わりを歌った歌を紹介した。

第11章

ＡＩ技術の進化は、半導体の進化でもある

ChatGPTは、マイクロソフトが出資してOpenAIが開発

2024年度（2023年2月〜2024年1月）にエヌビディアが売上額を前年比で2倍以上も上げられるようになった最大の理由は、AI市場からの需要増によるものだ。特に、生成AI分野の需要は極めて高かった。

OpenAI社がChatGPTを世の中に出した2022年秋から、エヌビディアのGPUは爆発的に普及した。ChatGPTを含むGPT-3という生成AIの学習データの規模は、1750億パラメータと、とんでもなく巨大になっていた。エヌビディアのGPUを数千個搭載したコンピュータシステムを使っても、学習させるのに約300日かかってようやく生成AIを作り出したと言われている。

それまでAIを開発する企業は、「学習にこれだけの時間がかかるのならできない」という諦めが強かった。しかし、OpenAIは諦めることなくトランスフォーマーという手法を使い生成AIを生みだした。このように諦めずに開発できたのは、マイクロソフトがOpenAIに出資してくれたからだった。

生成AIがチップの性能向上を推進

セレブラスは、かつて300㎜ウェーハからそのまま1枚切り取った巨大なAIチップ（資料11－1左）を開発した。

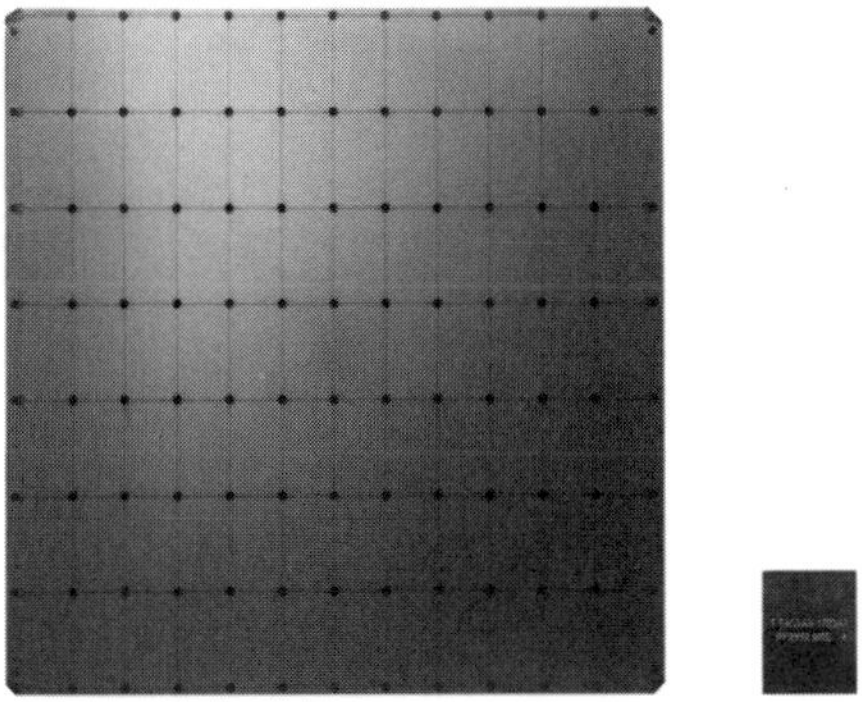

資料11-1　セレブラスの巨大チップ（左）とエヌビディアのGPU（右）

2019年の12月に、同社の創業者兼CTOであるゲーリー・ローターバッハ氏に巨大なAIチップを開発した理由を取材すると、「AIソフトウェアの研究者は、学習期間があまりにも長いソフトウェアは、その開発をほぼ諦めている。現在市場にあるAIチップで処理するのには数百日もかかるからだ」とのことだった。

セレブラスが巨大なチップを開発したのは、巨大なソフトウェアを短期間で学習できるようにするためだ。チップの性能が高ければ学習は短期間で済む。仮に量産中のGPUよりも10倍性能が高ければ、新開発のGPUでの学習時間は1／10の期間で済むことになる。

エヌビディアのGPU（A100）は、セレブラスのウェーハスケールチップと比べると、チップ面積は1／56しかなく小さい（資料11-1右）が、これでも一般のチップよりは大きい。

エヌビディアのGPUは、大きさではセレブラス製GPUにかなわないが、エヌビディアのGPUには拡張性があり、そのチップをいくつも並べて並列演算できるという特長がある。しかもチップレベルだけではなく、ボードレベルでもネットワークによってボード間をつなぐことができる。さらにボードを実装したコンピュータ同士もネットワーク接続できる。エヌビディアは、大量のGPUを接続できるようにするために、ネットワーク専用チップの開発企業であるメラノックスを買収した。

半導体企業として長年トップを走ってきたインテルやAMDも、エヌビディアのGPUを意識したような性能の高いAIチップを開発しており、AIチップの性能競争は、生成AIの登場でより激しくなりつつある。

巨大なデータを学習させるソフトウェア開発者から見ると、極めて高性能なAIチップが出てくれば、巨大なソフトウェアを学習させることが困難ではなくなる。「ＡＩチップの性能をもっと高めてほしい」という要求はますます強くなっている。

生成ＡＩの市場性

ＡＩチップは進化を続けているが、生成ＡＩはどこまでも巨大化するのだろうか。OpenAIは、１兆パラメータの「GPT-4o（フォーオー）」をリリースした。巨大なパラメータのＡＩでも巨大なハードウェアで推論すれば、得られる回答のスピードは速くなる。ただし、その分コストがかさむことになるので、需要が増えるとは限らない。

パラメータ数を２００億～３００億に抑え、用途別に適度なサイズでの生成ＡＩを作る動きもある。第10章の事例のところでも紹介した、エヌビディアのヘルスケア・医療の分野でのさまざまなＡＩシステムはその一例である。

例えば、創薬開発BioNeMoは、コンピュータを使った基本モデルの構築、最適化、実装を行なうフレームワークを構築している。分子の生成から始まり、分子構造の予測、タンパク質の特性予測、分子配列の予測、たんぱく生成などをNVIDIA DGX Cloudコンピュータを使って行なう。ほぼ数十億パラメータの演算になるが、従来のＧＰＵであるV100を５００台使って30日かかっていた学習作業は、新しいチップH100を同程度の５１２台使えば３〜４日で終わるようになった。

これら用途ごとの生成ＡＩには、すでに顧客が現れている。バイオ医薬品企業である米アムジェン社が、創薬開発においてエヌビディアのBioNeMoサービスを利用すると発表している。

また、フランスの医療機器メーカーのムーン・サージカル社は、NVIDIA Holoscanプラットフォームを組み込んだ、ＡＩベースのアルゴリズムにもとづいた自動腹腔《ふくくう》内視鏡「マエストロシステム」を使った手術を行ない、２００人以上の患者を治療したと２０２４年３月に発表した。従来の腹腔内視鏡による手術では、装置を制御するスタッフが必要だったが、このシステムを使えばわずかな外科医だけで済むという。すでに10名以上の外科医がこのシステムを使って腹腔内視鏡手術を行なったとしている。

また、ＩＢＭも創薬開発に生成ＡＩを使う提案をしている。ＩＢＭは、ＡＩモデルや学習・推論で長年の実績を持つ企業だ。ＡＩシステムであるWatsonをさらに充実させ、watsonxをベースに、ChatGPTのような１７５０億パラメータを使わなくてもユーザー

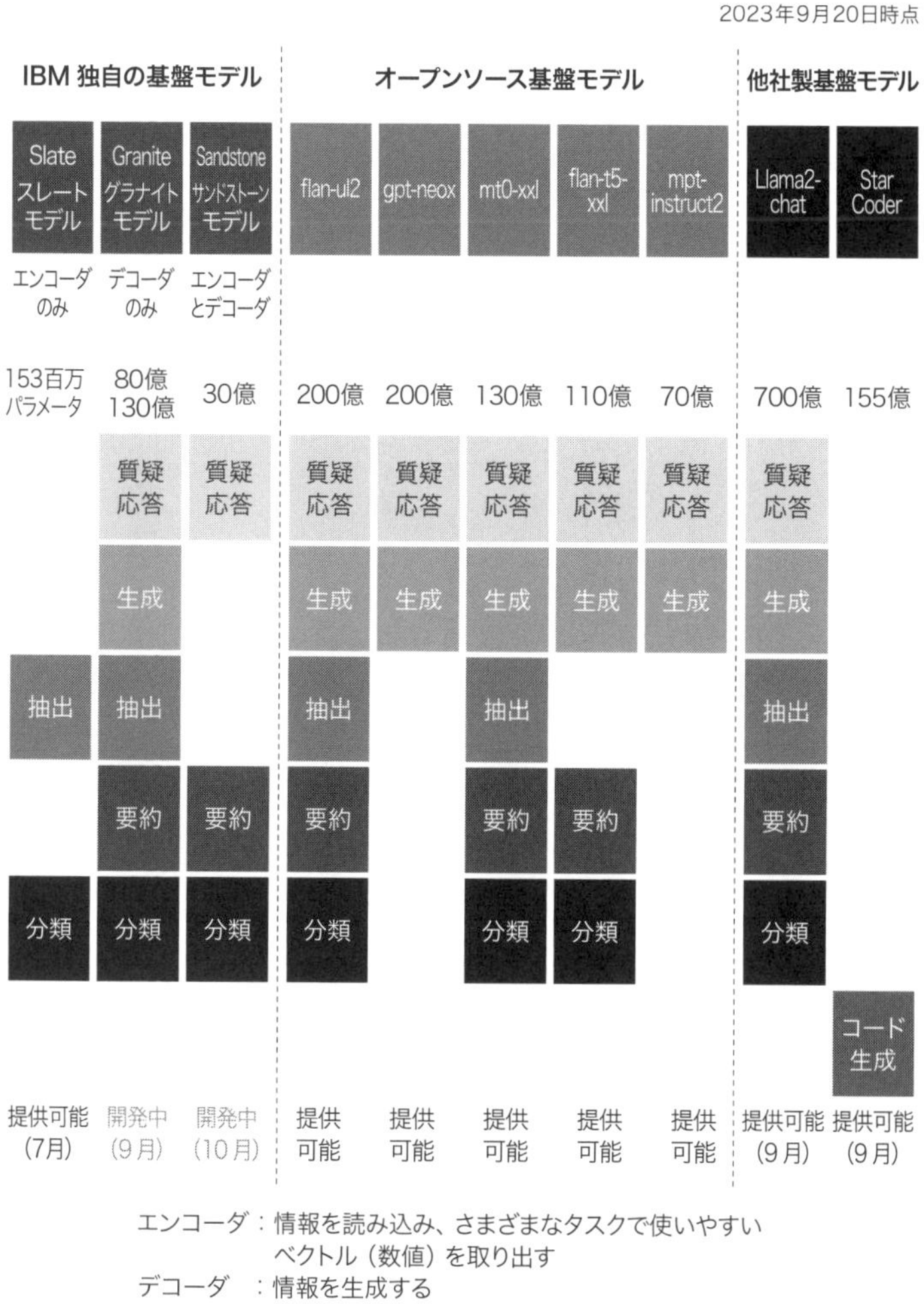
2023年9月20日時点
IBM独自の基盤モデル
オープンソース基盤モデル
他社製基盤モデル
Slate スレート モデル
Granite グラナイト モデル
Sandstone サンドストーン モデル
flan-ul2
gpt-neox
mt0-xxl
flan-t5-xxl
mpt-instruct2
Llama2-chat
Star Coder
エンコーダのみ
デコーダのみ
エンコーダとデコーダ
153百万パラメータ
80億 130億
30億
200億
200億
130億
110億
70億
700億
155億
質疑応答
生成
抽出
要約
分類
コード生成
提供可能（7月）
開発中（9月）
開発中（10月）
提供可能
提供可能（9月）
エンコーダ：情報を読み込み、さまざまなタスクで使いやすいベクトル（数値）を取り出す
デコーダ　：情報を生成する

資料11-2 watsonx.aiで利用可能となる基盤モデル例

の要求に合わせたＡＩモデルと用途に対応させることができるとしている。

要約・翻訳用途と企業向け用途

総合ソフトウェアであるwatsonx.aiで利用できる基盤モデルとしては、ＩＢＭ独自のモデルだけでなく、オープンソースになっている基盤モデルや、他社のモデルなども利用できる（資料11－2）。独自モデルでも1・5億パラメータから130億パラメータまでで、オープンソースでも最大700億パラメータにとどまっている。大きなパラメータのモデルでは、質疑応答、生成、抽出、要約、分類という5つの機能を実行できるが、抽出と分類だけに特化すればパラメータ数の少ない軽いモデルですむのだ。

ＩＢＭによると、ＡＩには2つの流れがあるという。

一つは、要約や翻訳。これに使うＡＩモデルは大規模言語モデル（ＬＬＭ：Large Language Models）が必要で、クラウドベースで学習させる。もう一つは企業向けの用途だ。企業向けでは比較的軽いデータで学習モデルを更新するものが多い。watsonxは追加学習で強化していくＡＩを狙っている。

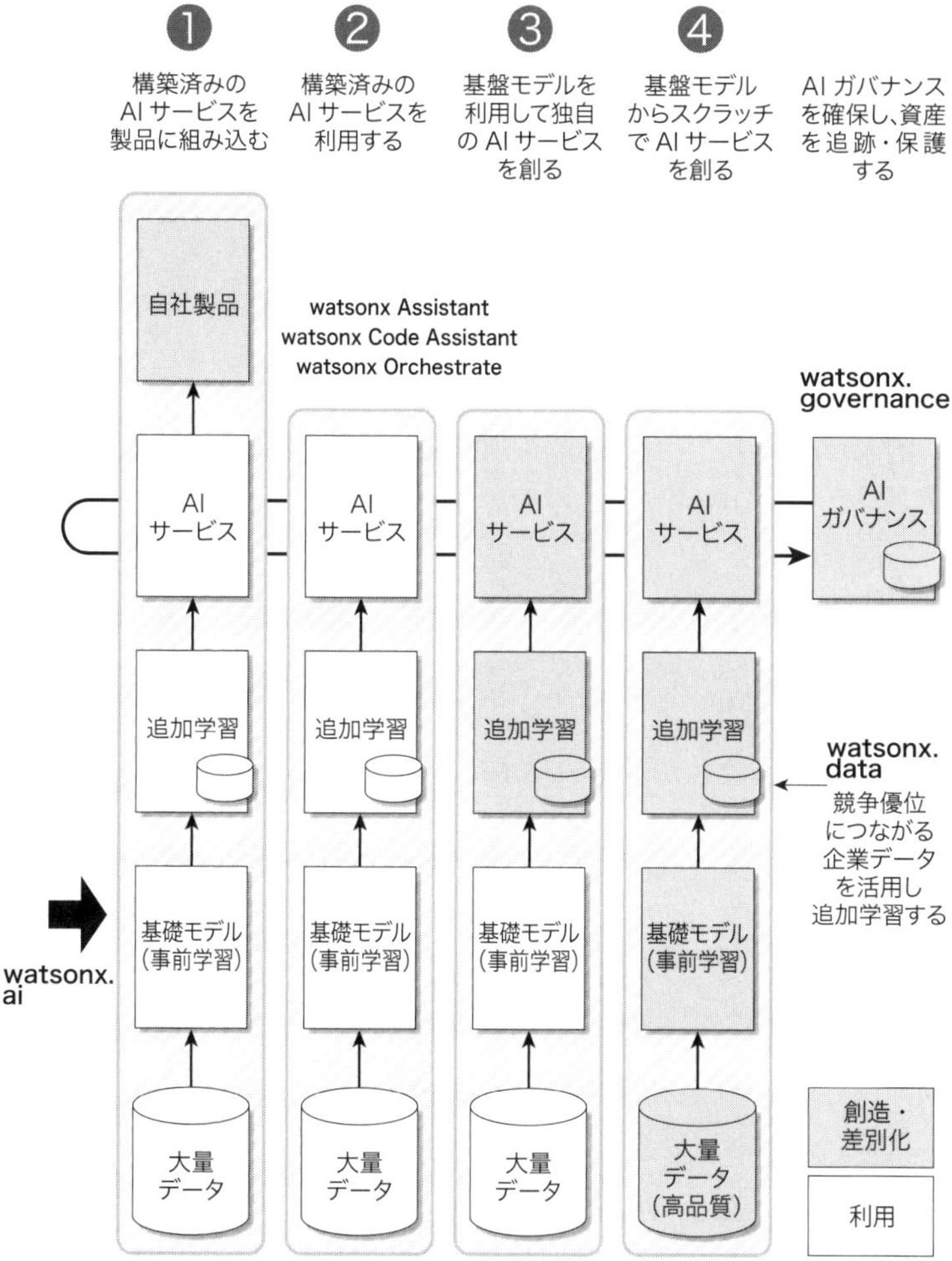

資料11-3　AIモデル構築のアプローチ

従来は、「学習はクラウドで、推論はエッジで行なう」のが常識だったが、これが崩れてきた。クラウドで生成した学習データ（基盤モデル）を元に、追加学習だけで専用のAIモデルを作れるようになってきたのだ。つまり、パソコンやエッジで追加学習させて推論を行なうことができるようになったということである（資料11－3）。

IBMが提案するのは4つのアプローチだ。ユーザーの負担がもっとも少ないのは、❷のIBMが構築したAIサービスをそのまま使うことである。この場合、ユーザーの独自性はまったくない。

また、資料11－3のなかに示した❶のIBMの提供するAIサービスを自社製品にそのまま組み込む場合も、自社で開発する負担は少ないが、独自性は少ない。

❹の大量のデータにもとづいて自分で基盤モデルを立て、事前学習することは極めて大きな開発リソースが必要となる。

そこで、❸のように、すでにある学習データにユーザー独自のデータを追加学習させることで、独自性を持たせたAIサービスを生み出せるものが用意されている。ユーザー企業がこれまで築いてきたデータを利用するだけなので、わずかな学習でAIサービスに独自性を持たせることが可能だ。最近よく使われているアプローチである。

専用ＡＩから汎用ＡＩへ

AlexNet（55ページ参照）を契機にして、画像認識技術の認識率が従来のモデルベースでの認識技術と比べ、圧倒的に向上した。当初は、画像認識専用のＡＩに関心が集まり、画像認識が必要な自動運転が注目された。音声認識も従来の技術よりも飛躍的に改善され、ＡＩスピーカーに応用されるようになった。

こういったＡＩは、専用ＡＩである。自動運転ＡＩは、自動運転以外の用途には使えない。外観検査装置に使うＡＩは外観検査にしか使えない。音声認識ＡＩも音声を認識することが専用で、対話ができるわけではなかった。

このためＡＩビジネスは、ユーザーごとにコンサルティングしながら、ユーザーの仕様に合った学習をさせ、推論で確認していく。つまり、完全なカスタムビジネスなのである。OpenAIが生成ＡＩを生むまでは、ＡＩはカスタム仕様を取り込むビジネスでしかなかった。顧客ごとに機械学習させていくため、大量生産型の大規模なビジネスにはなり得なかったのだ。

テレビなどで、ＡＩで何でもできるような発言をするコメンテーターを見かけるが、生成ＡＩ以前のＡＩはあくまでも専用ＡＩで、単機能しか持たないのだ。

後述するように、生成ＡＩは学習規模が巨大なため、ＡＩに質問すればなんでも答えてくれるように見えるかもしれない。しかし、学習していない分野に関して質問してみると「まだ公表されていないから答えられない」などと理由を付けて答えられないものとしている。つまり、人間の頭脳に近づいてはいるようだが、状況としてはまだ人間には及ばないということだ。

このため、ＡＩである程度選別しておき、判定しにくいグレーゾーンの分別を人間が行なうことが、賢くＡＩを使いこなす一般的な方法である。ここで創薬の例を挙げてみよう。

薬を創り出す開発作業では、薬になりそうな何百万もの組み合わせの分子構造をＡＩで百通り程度に絞り込んでから人間が実験し、開発にこぎつけることができる。従来は何年もかかる気の遠くなる作業だったが、創薬開発の期間を大幅に短縮できるわけだ。

次の例をご紹介したい。東京工業大学発のスタートアップＴＡＩ（Tokyo Artisan Intelligence）社を設立した東北大学の中原啓貴《ひろき》教授は、鉄道会社における毎日のレールの点検に使うＡＩを開発、ＦＰＧＡ（Field Programmable Gate Array：顧客が現場で回路を書き換えられるＩＣ）と呼ばれるチップ上にそのアルゴリズムを組み込んだ。レールを固定するネジの緩みを検査するＡＩでは、カメラでネジの締まり具合を撮影し、その画像からＡＩ（機械学習）で緩んでいるかどうかをチェックするものである。

従来、人の手で検査していた時は、1時間当たり2㎞しか検査できなかったが、ＡＩカメラでは同20㎞も検査できるようになったという。しかもその後、判定しにくいグレーゾーンのみを人間が再検査するだけで済む。ＡＩ導入によって作業人数を大幅に減らすことができるようになったのだ。

同様にＴＡＩでは、マグロの養殖現場でもマグロの数を数えるのにＡＩカメラを使っている。しかし、鉄道レール検査のネジの緩みを判定するＡＩと、マグロの数を数えるＡＩは、別物である。だから専用ＡＩと呼んでいる。

各作業でそれぞれ専用ＡＩが必要なのに対して、一つのＡＩで何でもできるのが汎用ＡＩと呼ばれるものだ。各分野の各作業の無数の専用ＡＩが充実した頃に、この汎用ＡＩが本格化するものと考えられている。

1週間後に儲かる株取引技術

そこで、「専用ＡＩ」ではなく、どのようなことでも対応できる「汎用ＡＩ（ＡＧＩ：Artificial General Intelligence)」を開発しようという動きが出てきた。

筆者は、ＡＧＩを開発して、株取引やロボットに応用しようとしているエンジニアが香港にいるということを聞き、香港に行って取材したことがある。２０１６年の7月のことだ。

当時、コンピュータを活用して1／１０００秒以下を競う高速株取引（High Frequency Trading）が流行っていたが、ＡＧＩのエンジニアであるベン・ゲーツェル氏（資料11-4）は、1週間後に儲かる株取引技術のＡＧＩを開発しているということだった。

資料11-4 ベン・ゲーツェル氏

彼の目指すＡＧＩは、さまざまな分野のコンテキスト（文脈）を学習させたAIシステムだ。例えば株取引の将来予想では、取引動向だけではなく、関連ニュースや経済データ、企業の財務データなど、さまざまな分野のデータを学習させる。

同氏は、ロボットにAGIを組み込む技術も開発し、「ソフィア」と名付けたヒト型のロボットにコンピュータをつないでAGIを組み込んでいる。女優のオードリー・ヘップバーンをモデルにしたというソフィアは、物体認識だけではなく、起きている出来事を理解し、判断して知らせることができるという。英語版だけではあるが言語も理解し、音声合成技術で話をすることもできるようになっている。ソフィアは、人間の音声で対話でき、さまざまな問いに答えてくれる。それだけではなく、ソフィアの顔の頬《ほお》に数個の超小型マイクロモーターを埋め込んでいるため、喜怒哀楽も表現できる。例えば、「笑った顔をしてごらん」と話しかけると、笑った顔を見せてくれるのだ。「怒った顔をしてごらん」と言えば怒った顔を見せてくれる。これらは、ゲーツェル氏が参加していたハンソン・ロボティクス社のホームページ（hansonrobotics.com）を覗いてみると、さまざまなデモを見ることが可能だ。

AGIには、さまざまな分野の知識を学習させる必要がある。「知識が豊富なAIなら、今より正確な未来を予測できるはずだ」とゲーツェル氏は言う。

一例として話してくれたのは、英国が「ブレグジット」と呼ばれたEU離脱の是非を問う国民投票を行なった時のことだ。ほとんどのメディアは離脱反対派が多数を占めるという結果を予想したが現実は違っていた。

これに対してゲーツェル氏は「メディアの使うデータが少なかったから予想が外れた。もし、ロンドンなどのパブで人々がビール片手に議論している本音のデータを取り込んでいたら、正しい結果を予想できたはずだ」と述べている。現実のさまざまなデータを取り込んでこそ、正しい姿を予想できるというわけだ。

筆者がゲーツェル氏を取材した2016年当時は、「シンギュラリティ」という言葉がよく取り上げられていた。AIによってシンギュラリティと呼ばれる、人間を上回る知性をマシンで実現できる時代がくるだろうと言われ始めた頃のことだった。

ChatGPTは汎用AI？

2022年秋に大きな事件が起きた。GPT-3をベースにしたChatGPTの登場だ。ソフトウェアパラメータが１７５０億という巨大な学習データを持つＡＩである。なんでも答えてくれるChatGPTが登場した時、筆者は、思わず「これは汎用ＡＩではないか」と直感した。

開発したOpenAIは学習データが巨大になるＡＩソフトウェアを開発するうえで、トランスフォーマーと呼ばれる技術を使ってコンテキストを確率的に理解するＬＬＭ（大規模言語モデル）を作った。

先述のようにGPT-3の学習には、エヌビディアのＧＰＵ（おそらくA100）を数千個使い、３００日かかったと言われている。もしＧＰＵの性能が１００倍向上すれば、３日で学習を終えることになる。エヌビディアがさらに高性能なＧＰＵを開発し続けるのはこのためである。

スーパーコンピュータ向けＧＰＵでも、A100の上位のH100、さらにH200、Blackwellと次々と開発しており、生成ＡＩのような巨大なソフトウェアにも対処できるハードウェアが実現できている。

一方で、巨大なソフトウェアではなく、やや大きめのソフトで済むような生成ＡＩの市場も開けてきた。おそらく、適切な規模の学習パラメータを持つソフトウェアの市場と、巨大な学習パラメータを持つソフトウェアの市場に分かれていくだろう。生成AIは規模ごとに市場がありそうだ。

エッジAIでの市場の広がり

小規模なAIは、個人が使うパソコンのようなエッジデバイスで広まっていく。インテルやAMD、クアルコムなどの企業はパソコン向けプロセッサにAI専用回路を集積したチップをすでに発表している。

7～8年前のAI開発競争が始まった頃は、学習には膨大なデータを教え込む必要があり、クラウドコンピュータでなければ学習させることには無理があった。AIの学習方法が進化し、クラウドでの学習データをエッジ側にダウンロードして、パソコン側で追加学習させるだけで学習データをカスタマイズできるようになった。

211ページ資料11-3のアプローチは、一般のAIでも使える手法だ。このなかの❸のように、すでに学習されている基盤モデルにユーザー独自のデータを追加学習させることで独自のAIサービスを提供できる方法がエッジAIでも使える。この方法は、パソコンのような演算能力がそれほど高くないデバイスでも、独自のAIサービスを提供できるというメリットがある。

マイクロソフトは2024年5月に、Copilot+（コパイロットプラス）というパソコン仕様を発表しており、アームのCPUコアを用いたクアルコムのSoCチップが、この仕様を満たしていると発表した。インテルもこの仕様を満たすパソコン用のSoC半導体を2024年の秋に発表する計画である。AMDも続くため、マイクロソフトのWindowsパソコンは、コパイロットプラス機能を搭載したAIパソコンに代わっていく。

2024年後半には各パソコンメーカーからAIパソコンが一斉に出てくると予想されており、パソコン需要は再び活発になると見るアナリストは多い。

スマホに関しても、グーグルがPixel8にAI専用回路を設けたことで、さまざまな便利な機能にAIが使われている。アップルもiPhoneにAI機能を載せるようになるだろう。スマホのモバイルSoCプロセッサにAI専用回路を集積させることでAI機能が追加されることになる。

ただ、パソコンやスマホでChatGPTのような大規模な生成AIを実現するわけではないだろう。ChatGPTの1750億パラメータはクラウドコンピュータベースの推論機能を用いているが、パソコンやスマホのようなエッジデバイスでは、もっと軽いソフトで限られた機能の生成ＡＩを実現することになるはずだ。

ChatGPTに聞いてみる

ChatGPTは一般に公開され、しかも無料で誰でも使うことができる。最大のインパクトは、テキストで質問すればほぼ何でも答えてくれることだ。

筆者も聞きにくい質問をChatGPTにしてみた。「GPT-3を学習させるためにNVIDIAのＧＰＵを何台使いましたか？　また、学習させるのに何日かかりましたか？」。すると以下のような答えをもらった。

「具体的な数字は公式には公開されていないようですが、一般的にはGPT-3をトレーニングするためには非常に大規模な計算資源が必要です。通常、大規模なディープラーニングモデルのトレーニングには複数のGPUが使用されます。NVIDIAのGPUが何台使われたか、そしてそれにかかった時間については、OpenAI側から公式な情報が提供されていないため、具体的な数字を提供することはできません。
ただし、GPT-3のトレーニングには数週間から数カ月かかったとされています。これは、数十億以上のパラメータを持つ非常に大規模なモデルであり、その訓練には大量の計算リソースが必要だったことを示しています。」

これでは答えが曖昧になってしまうため、再度聞き直してみた。「NVIDIAの」という言葉を削除してみると答えは次のようになった。

「GPT-3の具体的なトレーニングに使用されたＧＰＵの台数や学習にかかった時間について、正確な情報は公式には提供されていません。ただし、一般的にGPT-3のような巨大な言語モデルをトレーニングするには、数百から数千台のＧＰＵが使用されることがあります。また、学習にかかる時間は通常数週間から数カ月に及ぶことが報告されています。

具体的な数値や詳細な情報は、OpenAIなどから公式に発表されたものでない限り、推測にもとづくものになります。」

答えが少し変わった。この2つの答えは、問いの仕方によって答えが変わることを示している。上手な聞き方をしなければ、適切な答えを引き出せないということだ。

生成ＡＩの用途はこれから

では、生成ＡＩは実際にはどのような用途に使えるのか。

ＩＢＭは自社のコンピュータ「Watson」に機械学習でトレーニングをさせて、クイズ王に勝利した経験がある。そのＩＢＭは生成ＡＩの使い道を、Ｑ＆Ａ対応、テキストや画像などの生成、抽出、要約、分類、コード生成という6つに分類している。

このなかで最初に使われるのはＱ＆Ａであろう。Ｑ＆Ａは、筆者が ChatGPT に聞いたような質問に対して答えるものである。

企業の場合、顧客対応に生成ＡＩを活用し、問い合わせ対応業務をサポートすることに使える。例えば、コールセンターのお客様対応窓口での活用である。対応窓口では、問い合わせの内容に応じてマニュアル類からの適切な回答を生成するといったことが行なわれている。コールセンターの応答の70％を自動生成できた、という例もある。つまり、残りの30％分だけを人間が対応すればよいことになるのだ。

企業がこれまで作成していたFAQ（よくある質問と回答）などの対応マニュアルや、その企業特有の顧客のデータなどを生成AIに追加学習させれば、問い合わせ業務をサポートすることができる。

新人研修にも使える

新人研修においても、研修マニュアルなどのデータを生成AIに学習させて使っている例がある。また、顧客企業ごとに特有のセールスノウハウなどを、生成AIを使ってアプリケーションソフトやチャットボットなどに組み込む例もあるという。

IBMの顧客のなかには、文章生成でも用途によって使い分けるほうが便利という声があるそうだ。「文章全体を生成するにはこのモデル」、「要約を生成するにはこのモデル」といったように、用途や場面によって、使うべきモデルを顧客に使い分けてもらう。IBMによれば、大きなモデルを使うよりも、用途に応じて小さなモデルを使うほうが環境負荷やコストが少なくて済むと顧客に評価されているとのことだ。

AIアシスタントに進化

AIアシスタントとしての利用も広がるかもしれない。AIアシスタントは、まるで同僚並みに働くことができるようなAIである。

NTTデータと日本IBMは、2030年頃の保険営業を想定し、営業の際に従業員の意図を理解して複数の作業を行なうアシスタントを構想している。見込顧客選定、ニーズ喚起、提案、契約申込の各段階をAIがアシストするような構想である。

また、現在のIT化している営業では、チャットボットやRPA（Robotic Process Automation）、Excel のマクロ機能、BPM（Business Process Management）、AIのうち、どのツールを使うと効率的かを社員が判断している。ただ、社員は各ツールの使い方を学ばなければならず、そこに負担が生じている。

そこで生成AIのオーケストレーションツールを使えば、社員の意図を理解して、各種の自動化ツールを最適な順に使って結果を出してくれるという。いわば仮想的な知的労働者として仕事をアシストしてくれるのがＡＩアシスタントである。

患者に最適な薬を早く開発

エヌビディアは、先端バイオテクノロジー企業のジェネンテック社と共同で新しい治療薬の開発を支援している。創薬開発におけるジェネンテックの独自アルゴリズムを高速で計算するために、エヌビディアが保有するＡＩスーパーコンピュータのNVIDIA DGX Cloudを使う。ＡＩスーパーコンピュータを使って創薬のモデル計算を速めるのだ。

さらにエヌビディアは、第10章や第11章でも紹介したNVIDIA BioNeMoをジェネンテックに提供する。ジェネンテックは自社のモデルを他の創薬開発にも拡大できるようにカスタマイズし、BioNeMoのクラウドＡＰＩを創薬開発の計算システムに組み込む。

最終的には、バイオ研究者たちが複雑なバイオ分子構造パターンと創薬開発の関係を理解し、研究開発のスピードを上げていくことをジェネンテックは期待している。従来の試行錯誤的なアプローチではなく、計算機を使ったシステマチックなアプローチをすることによって、より早く患者を助け、医療のエコシステムに恩恵を与えることになる。

これらの例を見ると、「ＡＩが人間の仕事を奪う」というよりも、人員を増やすことなく業務を肩代わりしてくれ、人を増やさなくて済むようになりそうだ。

人間の欲望が続く限り、欲望に対処するための業務は増える。日本では人口は減る一方であるからこそ、ＡＩを上手に活用しなければ増え続ける業務に対応できなくなる。適切なＩＴ（ＡＩ、ＩｏＴ、ＤＸ、デジタル化など）を時代に遅れることなく導入すれば、仕事の負荷や労働時間が軽減される。ＡＩを上手に使いこなすことが、これからのビジネスパーソンに求められるだろう。

学習は何でも

生成ＡＩは、質問すればなんでも答えてくれる。これが従来のＡＩとの大きな違いである。だが、何でも答えてくれるということは、何でも学習させなくてはならないということでもある。

生成ＡＩは、政治、経済、金融、数学、社会、歴史、地理、保健体育、科学や化学、物理、生物学、光学、建築学、経営学、土木工学など、私たちが学校で学習してきたことを含めて、膨大な量の出来事、事柄、言葉などを学習している。囲碁、将棋、クイズなども学習している。

ChatGPTを使って驚いたことは、電子回路の動作を聞いても、答えてくれたことだ。電子回路についても膨大な知識を学習させているということがわかる。

生成ＡＩがさらに進展すると覚え込ませるデータは膨大になり、その学習パラメータは1兆を超えるという。

膨大な量の知識を学習させるためには膨大な時間がかかる。学習するのに必要な時間をできるだけ短くするには、コンピュータの性能を上げなければならない。そのためには高性能な半導体が求められるだろう。

半導体の性能がさらに上がり、あらゆることが学習されていけば、究極的には汎用ＡＩにつながっていくと考えられる。

第12章

現実のＡＩ、これからのＡＩ

ＡＩを正しく理解する

世の中には、ＡＩを過信したり、その逆にＡＩを極度に心配したりしている人もいる。どちらもＡＩを正しく理解していないように見える。

人工知能（ＡＩ：Artificial Intelligence）という言葉は、今に始まった言葉ではない。50年以上も前にも、自動で動く機械を勝手に人工知能と呼ぶコマーシャルがあった。以来、エンジニアの世界では「ＡＩ＝いい加減なもの」と苦々しく思う風潮が広まっていた。

もちろん、ＡＩという言葉に慎重な態度を示す企業もあった。例えばＩＢＭである。ＩＢＭは、コンピュータにさまざまなデータを学習させた機械「Watson」をコグニティブ（認識や認知）・コンピュータと呼んだ。２０１１年に「Watson」は、米国のテレビクイズ番組で人間のチャンピオンを負かした。この頃、筆者はＩＢＭのエンジニアに「なぜＡＩと呼ばないのか」と尋ねた。エンジニアによると、「ＡＩコンピュータ」という言い方をすると、いい加減なコンピュータと言われかねないおそれがあるとのことだった。このため、ＩＢＭはコグニティブ・コンピュータと呼んでいた。

ただ、多くのエンジニアや研究者たちが「人間の脳の仕組みをまねたニューラルネットワークモデルで、機械学習やディープラーニングさせたコンピュータ技術」のことを「ＡＩ」と呼び始めて、ようやくＩＢＭもＡＩという言葉を使い出した。

ＡＩは万能ではない

ＡＩにデータを学習させると、さまざまなものを分類することができる。そのため、生成ＡＩができる前まではＡＩを「分類技術」と呼ぶ研究者もいた。ところが、コンピュータに巨大なデータを何百日もかけて学習させることで、テキストや画像や音楽を〝分類〟だけでなく〝生成〟することができるようになった。

エヌビディアは「i am ai」というビデオを作成し、いろいろなイベントで流しているが、ビデオの最後にオーケストラが音楽を演奏している場面がある。これは生成ＡＩが作曲した音楽だという。さまざまなオーケストラの音楽データ（人間の感情にもとづいて悲しい曲や楽しい曲、勇ましい曲など大量のデータ）を学習させ、「荘厳な曲を作ってくれ」と言えば、それらしい曲を楽譜に書いてくれる。

言うなれば、コンピュータに何を学習させるかによって、生み出せる機能は変わってくるということであり、ＡＩは何でもできるわけではないことを示している。コンピュータに小説を大量に学習させて、小説を生み出す生成ＡＩもあるが、小説を書くことにしか対応できない。

用途別の専用ＡＩは、汎用的な生成ＡＩと違って、用途に関連する分野の学習だけで十分である。つまり、学習規模が小さく、パソコンやスマホなどの端末にも搭載できるようになるということだ。いずれパソコンやスマホにも、用途ごとに専用ＡＩ技術が入り込むようになる。

資料12-1 「i am ai」2024のビデオ

「i am ai」に見る、いろいろな用途での各種ＡＩ

エヌビディアの２０２４年版「i am ai」のビデオ（資料12-1）で登場するＡＩは、用途ごとに使われるシーンを表している（https://www.youtube.com/watch?v=jMW8_YVFgzY）。

ビデオは「i am a visionary」から始まる。銀河系宇宙の始まりを可視化して示したり、台風がやってくる気象状況を可視化したりするという意味で、「私は可視化する人」という意味でビジョナリーという言葉を使っている。

その次にくる「i am a helper」では、目の不自由な人の代わりに働くゴーグルや、病気で言葉を発せられない患者の脳波からモニター画面上に言葉を表示する、というデモを見せている。このヘルパー（helper）という言葉は、体の一部が不自由な人を手伝うことができるという意味で使われている。日本語で言うヘルパーさんの意味ではない。

「i am a transformer」というシーンでは、「トランスフォーマー（変換器）」は、重力エネルギーを変換して溜《た》める技術や、夢のクリーンエネルギーとなる核融合技術に変換する技術として捉えられている。

「i am a trainer」というシーンでは「トレーナー」としてロボットを学習させ、腕の動きにくい病気の人のリハビリを手伝うトレーナーを表現している。また危険を察知するロボット、そして命を救う医師を研修するという役割も担う、という意味で登場する。

「i am a healer（癒す人）」では、新世代の治療として、患者が「ペニシリンは自分に使っても問題ないか」とタブレット端末に聞くと「大丈夫だよ」と答えてくれる、というようなシーンが登場する。

「i am a navigator」では、「混雑する都市の街路を作成してほしい」と入力すると、仮想的な都市の街路を走行するシーンが描かれる。安全に道路を自動運転で走行するために必要な道路のシーンとなる。横から人が飛び出してきても安全に走れるようにするためのシナリオを描く。

最後に出てくるオーケストラには何も説明はないが、以前のビデオでは「i am a composer（作曲家）」という言葉が流れていた。つまり流れている音楽を作曲した、という意味である。そして最後に「i am ai」という言葉で締めくくっている。

分野ごとにＡＩがある

３分30秒の短いビデオだが、ＡＩはいろいろなことができることを示している。ただし、誤解してはいけないことは、一つのＡＩでこれらすべてをできるわけではないということだ。用途に応じていろいろなＡＩが作られ、それぞれが人間社会の役に立つのである。見方を変えれば、ＡＩを使うことによって、これまでできなかったことができるようになる分野があるということだ。リハビリのお手伝いをしたり、目の見えない人の盲導犬の代わりをしたり、ＡＩがサポートすることで、できないことができるようになる。

　用途に応じて、クラウドで使う大規模なものから、パソコンやスマホで使う小規模なものまで専用のＡＩを作り出せば、それぞれの分野で人間をサポートすることができる。

　もう一つ重要なことは、ＡＩは人間の仕事を奪うわけではなく、仕事の一部を担ってくれる役割を果たすという点だ。ＡＩの本質は、Artificial Intelligence（人工的に作り出す知性）ではなく、Augmented Intelligence（知性を補助する存在）だとＩＢＭは言っていた。これらのことを理解したうえで、ＡＩは遠い先の技術ではなく近未来の技術であることを次に示そう。

明るい未来を反映する実際のＡＩ

　これからの未来には、ＡＩが欠かせないことを示唆する事例を私見として述べたい。

　日本は少子高齢化という大きな問題を抱えている。人口減少、労働力の減少が進んでいるため、世界経済が成長しているなかで、日本は停滞を続けている。この問題を解決する

資料12-2 レベル４の自動運転車「MiCa」

には、ＡＩが不可欠である。

まず、自動運転の例を見てみよう。

２０２３年５月に、千葉県柏市にある東京大学柏キャンパスで、ソフトバンクの１００％子会社であるボードリーが自動運転のデモを行なった。完全自動運転に近いレベル４での実験だ。レベル４は運転手のいない自動運転だが、何らかの遠隔監視システムが必要という制限はある。

そのため、自動運転車に遠隔監視装置を取り付ける必要がある。ボードリーが遠隔監視装置「ディスパッチャー」を開発し、エストニアのスタートアップであるオーブテック社から導入した自動運転バス「ＭｉＣａ（ミカ）」（資料12－２）に搭載した。この遠隔監視装置は、クルマの走行を監視するだけではなく車内も監視し、乗客の乗降状態を見ることができる。

ボードリーがオーブテックのクルマの導入を決めたのは、左車線通行の日本の交通ルールに対応したクルマを作ってくれたためだ。右ハンドルで左側通行という日本の交通事情では、乗客がバスの乗降を繰り返すドアは車体の左側にある。自動運転車には運転手もハンドルも不要だが、日本の交通事情に合わせて左ドアから乗り降りできるようにしてくれた。

オーブテックは、２０１７年創業のスタートアップだ。エストニアの有名校であるタリン工科大学のプロジェクトからスタートし、カーディーラーをはじめさまざまな企業も巻き込んで、コラボレーションしながら「ミカ」の開発にこぎつけた。タリン工大がこのプロジェクトの開発を決めたのは、同大学の創立１００周年を記念した行事の際だったという。

日本以外に、すでに欧州や中東の10カ所で、自動運転の実証実験用として利用されている。もちろん、欧州向けの車体は、右側通行に合わせてすべて右ドアである。

自動運転のＡＩは、カメラ8台、ライダー（LiDAR）７台を搭載し、センサーからのデータをもとに周囲の障害物（他のクルマや自転車、バイク、人など）をＡＩが判別している。これらのセンサーは周囲１００～２００メートルをカバーできるという。走行する道路もあらかじめＡＩで学習しておき、走行する道路が正しいかどうかもＡＩが判断する。

茨城県の境町では、高齢者が多く移動手段に不便を感じていた人が少なくなかった。最初はフランスから自動運転車を導入し、実証実験を行なった。そして、２０２３年５月に「ミカ」導入を決め、２０２３年12月に「ミカ」を追加導入したという。２０２４年２月からは小型バスなど合計８台を走らせ、運転手不足に対応している。

自動運転技術で可能になるのは、バスを走らせることだけではない。トラック運転手が不足している場合に、１人の運転手が複数のトラックを縦列運転させるという実験も欧州で始まっている。ＡＩが労働力不足を補う可能性を持っているという例である。

ＡＩで交通渋滞を解消する信号機

次は、信号機の例である。

米国のワシントンＤＣ近くで実験が始まっているのが、アダプティブ（適応型）信号機と呼ばれるものだ。アダプティブ信号機とは、交差点において、交通量の多い道路と少ない道路をＡＩカメラで判断し、交通量に応じて信号機の点灯時間を自動的に調整する機械のことである。

交通量が多いかどうかは、カメラを使って道路を撮影し、ＡＩがクルマの数を数える。クルマの数が多ければ青信号の点灯時間を長く、少なければ短くする。アダプティブ信号機は交通渋滞解消の決め手になるとされている。

10年以上前に筆者がインドのエンジニアと話をしていた時、彼らはアダプティブ信号機と似たアイディアを持っていた。センサーを道路に埋め込み、クルマの数を数えるというアイディアだった。しかしセンサーを道路に埋め込むにはコストがかかり、供給電源やその保守などのコストも追加される。そのため実現が難しかった。

しかし、今は、クルマや人、自転車等を判別・分類できるＡＩがある。カメラで道路を撮影すれば、その画像からＡＩがクルマを検出、判別し、クルマの台数を数えることができる。これまで大量に学習させてきたデータを使えるからだ。その学習データをもとにＡＩがクルマの台数をカウントする。センサーを道路に埋め込むことと比べて、コストも安価だ。アダプティブ信号機は、いよいよ現実的になってきたといえる。

幼児の車内残しを防ぐ

近年、幼児を通園バスの車内に残して亡くなってしまうという痛ましい事故があった。こうした置き去り事故の防止の一助として、ＡＩを役立てることもできる。

カメラやセンサーとＡＩの技術を使えば、車内に幼児が残っているかどうかを判断できる。それだけでなく、通園する幼児の顔をあらかじめ登録（ＡＩが学習する）しておけば、誰が残っているかを特定することも可能だ。ＡＩは登録されている顔から推論して、人物を特定できる。

降車後に車内に残っている幼児をレーダーなどが検出すると、カメラ画像から誰が残っているのかを判断し、「△△ちゃんが残っています」と幼稚園の先生や親のスマホのアプリに知らせることも可能だ。親にも緊急事態を知らせれば、すぐに幼稚園に連絡して幼児を救うことができる。

将来のパーソナル医療にＡＩは欠かせない

まだ実験すら始まっていないが、エヌビディアのツールを活用すると将来、パーソナル医療への道が開けてくる。

今までは「この病気には、この薬が効く可能性が高い」という統計的なデータしかなかった。その統計データをすべての患者に当てはめていたわけだが、現実には、さまざまな病気に対して、個人ごとに効く薬と効かない薬がある。また人によって免疫力にも差があり、病気にかかりやすい人とかかりにくい人がいる。「この患者に、この薬が効きそうか」ということは検査データなど体内のさまざまな情報を集めて、医師が総合的に判断しているが、それは医師の経験という長い間の学習によって蓄積されたデータにもとづいている。

人間の体内では、いくつもの臓器が活動している。どの臓器の具合が悪いのか、そしてその臓器のなかの何がどうなっているから不具合（痛みや出血）が起きているのかを明確にしなければ、有効な治療方法を決めることはできない。多くのデータが必要な医療の分野は、ＡＩの活用に向いている。複雑であればあるほどＡＩが役に立つのだ。

将来のパーソナル医療では、遺伝子解析のツールを使って患者一人ひとりの遺伝子情報を得て、その遺伝子情報にもとづいて、患者ごとに最適な薬や治療法を推奨することになる。もちろん、遺伝子と最適な薬との関係を求める必要があるため、今すぐにできることではない。

治療薬の分野では、創薬開発を支援するツールを使って開発期間を短くすることができる。また、臓器の映像を解析するためのＡＩを導入すれば、健康な臓器と病気に侵された臓器を判別できるようになる。手術においてはできるだけ損傷の少ない手術が望まれているが、それにもＡＩを生かすことができる。医療のなかでＡＩの活躍する領域は広い。

倫理にもとづく学習を行なう

ＡＩは多くの分野で役に立つが、官公庁や大企業からは、「ＡＩは危ないから規制しよう」とか「ＡＩはやめよう」といった声をよく聞く。ＩＴやＡＩに対するアレルギーは、官公庁や大企業が強いかもしれない。

本質を理解せずにＡＩを敬遠すれば、日本は世界から取り残されることは間違いない。もちろん、規制は重要なことで、人類の役に立つことに絞ってＡＩを使った新製品や新サービスを開発すべきであるが、ＡＩの活用を止めてしまうことは没落を意味する。

では、どうやってＡＩを進展させればよいのだろうか。

一つの例をＩＢＭが提案している。ＩＢＭはＡＩ向けのソフトウェア製品を「watsonx プラットフォーム」と呼んでおり、ＡＩの学習やチューニングを行なう製品などに加え、「watsonx.governance」と呼ぶツールを揃えている（資料12-3）。このツールの特長は、公平性の問題や、バイアス（偏見）、ドリフト（社会規範からの一時的な逸脱）など倫理に反する事柄を検知するためのワークフローを組み込んでいることだ。そのワークフローを自動化することで、リスクを管理し、ＡＩの評判を守ることができる。

ダッシュボードでは、データが可視化されている。入力されるモデルの数や、承認されたモデルの数、測定結果を、緑色、黄色、赤色、灰色で表示させると、ダメなモデルやデータが赤で表示され、認証されたモデルやデータが緑色で表示される。状況を可視化して、管理することができるのが特長だ。

「watsonx.governance」の目的は、信頼できるＡＩの構築を支援することであり、デー

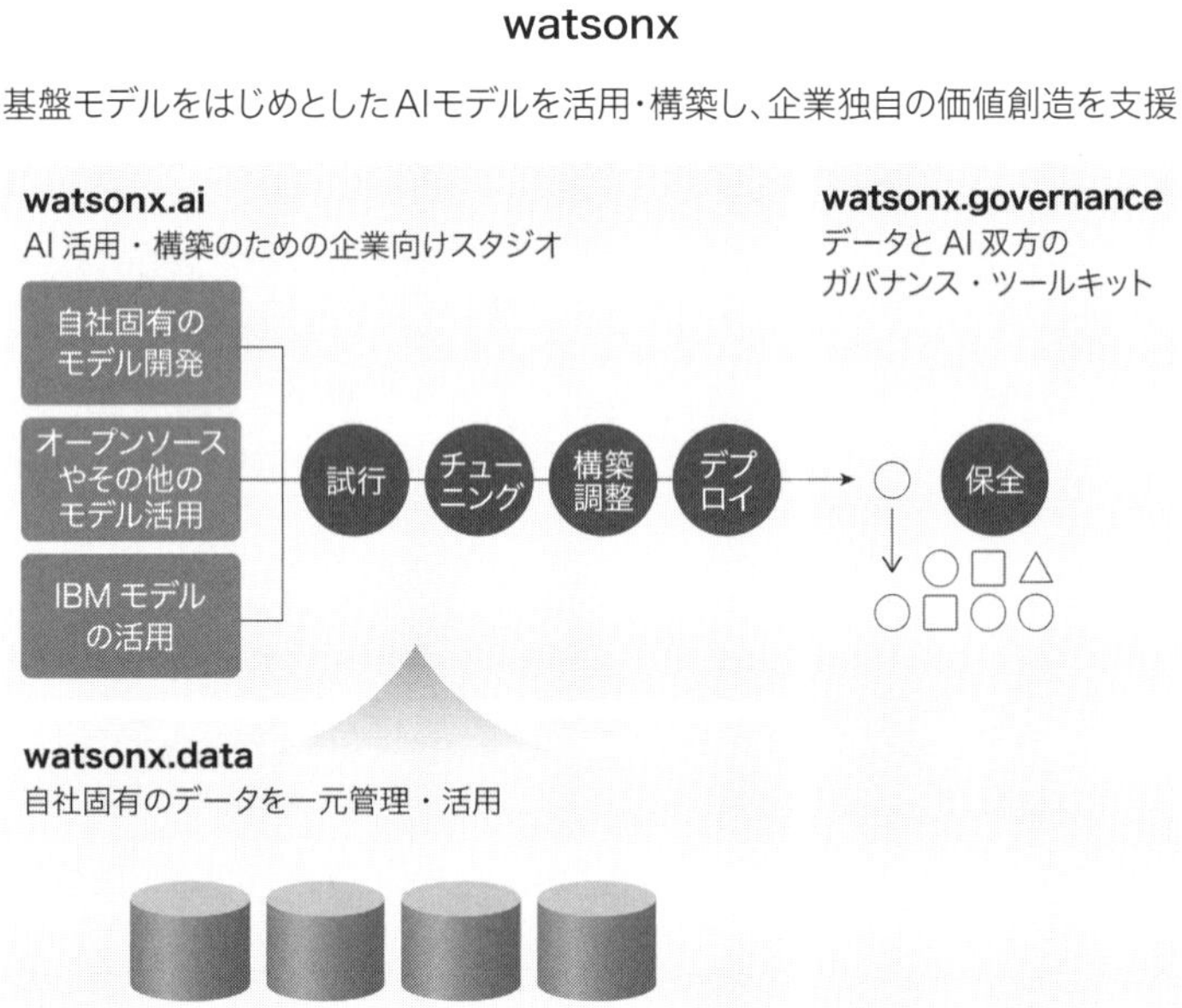

watsonx.ai
企業独自の競争力と差別化を保持するために、基盤モデルをはじめさまざまな AIモデルを活用・構築することが可能

watsonx.data
AI をビジネスのあらゆる領域で活用するために、企業の散在するデータを一元管理し、さらに活用できるよう加工する仕組みを提供

watsonx.governance
信頼できる AI の構築を支援する、データと AI 双方のガバナンスを包含したツールキット。
責任ある、透明性・説明可能性を確保した AI のワークフローを実現

資料 12-3 watsonx 基盤モデルをはじめとしたAIモデルを活用・構築し、企業独自の価値創造を支援

タとＡＩの両方のガバナンスを包含したツールキットとなっている。こうしたツールキットを通過したＡＩのワークフローは、信頼性があり、透明性と説明可能性を確保できるようになる。

エヌビディアも倫理に沿った信頼できるＡＩを構築するためのガイダンスを設けている。プライバシーや安全性、セキュリティ、透明性、非差別化（バイアスを最小限にする仕組み）などに配慮している。例えば、「NVIDIA Omniverse Replicator（レプリケーター）」は、意図しないバイアスを減らし、プライバシーを保護してくれるツールであり、「NeMo Guardrails（ガードレール）」はＬＬＭを利用したアプリが正確で適切、セキュアであることを確認するツールを提供している。

ＡＩに対する規制の声は強いが、規制を強化することに注力すると、始まったばかりのＡＩ開発が大きく遅れる恐れがある。新型コロナの時に官公庁や保健所などで、ＩＴ化が遅れていることが明白になったように、日本の場合はいまやＩＴ後進国である。規制を強化する前に、ＡＩを発展させながら悪用されないような仕組みを作る方向を打ち出す必要がある。

ＩＢＭやエヌビディアのツールのようなＡＩモデルの健全性を評価するツールを政府や

第三者機関が確認したり、認証マークを発行したりして安全性を担保することが必要だ。政府と民間が協力することで、IT後進国からの脱却を図ることを優先すべきであろう。

10年単位で考える能力を持っている

エヌビディアは、ゲームのコンピュータグラフィックスからAIへと展開してきたが、1993年の創業当時には、ジェンスン・フアン氏、クリス・マラコウスキー氏、カーティス・プリエム氏の創業者3人はAIにつながるとは思いもしなかったようだ。

2017年11月16日号の『FORTUNE』誌に掲載された記事が参考になるので、拾ってみる。

マラコウスキー氏とプリエム氏はもともとサンマイクロシステムズのエンジニアだったが、社内の政治的な争いに嫌気がさしていた。フアン氏はLSIロジックのディレクターを務めていたが、コンピュータ技術の次の波は、グラフィックスベースのコンピューティングだという確信を持ち、LSIロジックのポジションを捨ててスタートアップを立ち上げた。

この頃のことを、最初に入社した営業マンで現在ＳＶＰ（シニア・バイス・プレジデント）のジェフ・フィッシャー氏は「当初の拠点は小さなオフィスで、トイレは他の会社と共同、卓球台でランチをとっていたよ」と語っている。

最初の製品ＮＶ1は１９９５年に完成したが、３次元グラフィックスカードはあまり売れなかった。「会社をもっと大きくするために、パソコンの部品を交換するだけではなく、それ以上の付加価値が必要なことをみんなが理解していた。だからコモディティではなく、付加価値の高い製品を開発しなければならなかった」とフィッシャー氏は語っている。

１９９９年にナスダックに株式上場した時、世界最初の本格的なＧＰＵというべきGeForce 256を発表した。２００６年には並列処理コンピューティングアーキテクチャのソフトウェアを導入し、研究者たちは数千ものＧＰＵを動作させることができるようになった。

もちろん、うまくいかなかったものもある。前述したように、モバイルタブレット向けのＳｏＣプロセッサであるTegraを開発していたが、モバイル用途ではモトローラが採用したものの、爆発的なヒットにはつながらなかった。そこで、自動車向けに方向転換をする。そして領域を広げ、国防産業やエネルギー、金融産業、ヘルスケア、製造業、セキュリティなどの分野へと拡大できるようになった。

では、エヌビディアが市場の低迷にも耐えられる力を持つようになったカギは何だろうか。

同社のレブ・レバレディアン氏（ゲームワークス兼ライトスピードスタジオ担当ＶＰ）は「グラフィックス技術の可能性に強い確信を持っていたジェンスン・フアンというリーダーがいたからだ。彼は、10年単位で考える能力を持っている。当時は自動運転車を予想できなかったし、ＡＩがくるとも思っていなかったようだが、グラフィカルコンピューティングには強い確信を持っていた」と述べている。

確かに、ほぼ10年ごとに状況が大きく変わっている。今のＡＩ技術は２０１２年のAlexNetがきっかけで進展し、10年後の２０２２年には大量のデータを学習させた生成ＡＩのChatGPTが登場した。では、次の10年後はどうだろうか。

カリフォルニア工科大学でのスピーチに見る未来志向

２０２４年６月、フアン氏は台湾で開催された「コンピューテックス台北（COMPUTEX TAIPEI 2024）」に出席し、帰国後にカリフォルニア工科大学（通称：カルテック）で講演していて、その動画が公開されている（https://www.youtube.com/live/-qXDdToZHzE）（資料12－4）。ここで、これからの時代に重要なテクノロジーはＡＩであり、その変化はものすごく速いと述べた。

資料12-4 カルテックで講演するフアン氏

フアン氏は、「ＣＰＵのスケーリング（比例縮小則＝微細化のこと）のペースは落ちてきたが、コンピュータの演算能力を高めるニーズは指数関数的に高まっている」とも述べている。半導体の微細化技術はかなりスローダウンしており、１チップあたりの性能は飽和気味になっている。

ＡＩ化が進み始めた社会のなかで、「コンピューティング能力をもっと上げてほしい」というニーズは強まっているにもかかわらず、半導体微細化技術は飽和しつつある。ニーズと技術とのギャップは大きくなっており、コンピューティングのインフレが起きていると表現した。

「これからは大量のGPUを使ってコンピュータを作らなければならなくなる。次の10年でディープラーニング技術（DNN）は再発明されるだろう」とファン氏は若い人たちにメッセージを贈った。半導体の微細化技術とコンピューティングパワーの要求レベルとのギャップを埋めるために、当分はGPUを大量に使うようになるだろう。しかし、そのような力業ではなくまったく新しい技術がAI向けに生み出されるに違いない、とファン氏は期待しているのだ。

ファン氏がカルテック卒業生に贈った言葉は、未来への言葉と受け取っていい。若い人たちは、これから新しいアイディアを出し社会を新たに変える可能性がある。カルテック卒業生にその実現を期待しているのである。

若い新人エンジニアが力を発揮するようになるのは、おそらく10年後の2034年から2040年頃のことだろう。先述のディープラーニング技術が10年後の2030年代に再発明されるとして、汎用AIが登場するシンギュラリティの時代がくるのもその頃だろうか。2040年から2045年のシンギュラリティの時代には、人間の脳細胞とマシンのニューロン演算器の数がほぼ等しくなる。それを実現するのは、GPUを再定義したハードウェア（半導体チップ）かもしれない。もし、これが日本の若者から生まれてくるとすれば、それは日本にとってこの上のない喜びだ。

この時のスピーチで、ファン氏は物理学者リチャード・ファインマンの言葉として、「知的誠実さと謙虚さ」が私たちの会社を救ったと語っている。

この知的な正直さこそ、トラブルが起きても正直にその実態を捉え、不良個所を同定し、改善することにつながるからだ。嘘をついたり隠したりするとトラブルの実態を解明できなくなってしまうことを痛感しているからこそ、それを生み出すまいとする姿勢が先述の企業風土につながっているのかもしれない。そして、これから活躍する聴衆の学生たちのために、Intellectual honesty（知的正直さ）が大事であることを訴え、これからの人生を楽しんでほしいことを伝えた。

agreementではなく、alignment

筆者は、長年エヌビディアを取材してきて、日本企業との違いが大きいことを強く感じたが、日本だけでなく他の米国企業とも違うようだ。エヌビディアの社風は、未来のビジネスのやり方を示唆していると言っていいだろう。

さらにエヌビディアを知るには、エヌビディアの日本法人代表兼米国本社副社長の大崎真孝氏が日経産業新聞に寄稿していたコラムがとてもわかりやすい。日経産業新聞は残念ながら2024年3月末に休刊したため、これ以上、大崎氏の寄稿を読むことはできないが、過去のコラムから知ることはできる。それは、筆者がこれまで取材してきたエヌビディアの姿とも重なっていた。

エヌビディアには世界各地からさまざまな人たちが集まっている。そのため、一人ひとりの考えや意見はかなり異なる。だが、それをお互いに認め合い尊重し合う風潮がある。本来の多様性（diversity）だ。

社員一人ひとりが異なる意見を持っているため「全てに賛成（agreement）することはできないかもしれないが、最終的には会社の方向に合意（alignment）する」と大崎氏は述べている（2022年9月22日付 日経産業新聞）。エヌビディアでは年に2度、世界中からリーダーシップチームが集まり戦略を議論する。その冒頭でフアン氏が全メンバーに語りかけることは、「アグリーメント（agreement）ではなく、アラインメント（alignment）すること」だという。

その事例として大崎氏は同紙で次のように語っている。「2013年にエヌビディアが人工知能（ＡＩ）に大きく投資を決めた時、まさに社員がこの戦略に合意したタイミングであったと思う。『我々でしかできない技術で社会の課題を解決する』。その理念から生まれた戦略に納得し各組織のセルで実行される」。

この最後の行の「各組織のセルで実行される」という言葉は、ＡＩに注力するというアラインメント（合意）の下ですべてのプロジェクトが動くという意味だ。ファン氏が「ここには上司（ボス）はいない。ボスはプロジェクトだ」と述べていることは、第1章でも述べた。上下関係によって命令されて動くのではなく、プロジェクトへのアラインメント（合意）によって全社員が動くのが、エヌビディアの社風なのである。

ＡＩで日本が勝つために

２０２３年12月に、エヌビディアのファン氏は、首相官邸で岸田文雄首相と面会している。日本政府は、生成ＡＩなどに必要なＧＰＵをできるだけ多く供給するように同社に要請したという。

２０２４年２月22日付の日経産業新聞で大崎氏は、日本政府と話し合いの場を持ったうえで、日本においてＡＩを発展させるために必要な施策を次の３つにまとめ、政府へ伝えたとしている。

①日本に「ＡＩ・Ｒ＆Ｄセンター」を設立すること
②スタートアップへの支援を更に強化すること
③ＡＩの教育支援「AI・Academy」を発足すること

世界各国が生成ＡＩに端を発してＡＩデータセンターを立ち上げている。ＡＩは各国のデータ主権を得ており、「国のデータは資産である。それを自国内でＡＩというインテリジェンスに転化させ、自国の言葉そして文化そのものを含めることで独自のＡＩを作り上げている。世界各国は、その重要性を理解し、国家レベルで取り組もうとしているのだ」といったことも大崎氏は述べている。

では日本はどうすべきか。その施策が右記の３点である。ＡＩをどう活用すべきかについて、大崎氏は具体例に触れている。

「ソブリンＡＩ＝各国のデータ主権でのＡＩ、国のデータは資産であり、それを自国内で

ＡＩというインテリジェンスに転化させる。自国の言葉そして文化そのものを含めることで独自のＡＩを作り上げる。その重要性を各国は理解し、世界中で国家レベルでの取り組みを急加速させている。

例えば我が国の強みの一つはメカトロニクスであり、そのデータを主権としてＡＩを作り上げる。それをメカトロニクスに移植することで、我が国の産業の大きな強みになりうることは想像に難くないとおもう。」

重要なことは、ＡＩデータセンターをまず作るとともに、それを、若者をはじめ誰でも使えるようにして、そこから生まれる製品やサービスの開発に集中することである。

生成ＡＩは、日本のものづくり工場や流通、小売り、医療などの分野で威力を発揮する。工場では、自動検査装置が絶え間なく動き、精度を自動的に上げていく、つまり学習していく。流通では、倉庫の搬送ロボットが常に環境を判断して最適なルートを探索する。小売りの現場では、ロボットがあらゆる会話に対応する。医療分野では、画像診断装置で画像を再構成し、病変を診断して支援する。こういったことに使えるというのだ。

これらは、巨大なコンピュータからなるデータセンタークラウドではなく、パソコンやタブレットなどのエッジ端末でリアルタイムに現場で対応できるようになることだろう。

エンジニアを熱狂させること

大崎氏は、２０２４年3月14日付けの日経産業新聞の最後のコラムで、日本がＡＩで勝つためのポイントを3点にまとめている。

最初に挙げているのは「エンジニアを熱狂させること」。そのためにはＡＩインフラ投資が必要となる。大崎氏は、使えるコンピュータがそばにあるだけで、目を輝かせて仕事に取り組むエンジニアを数多く見てきたという。今の日本でＡＩエンジニアの少なさを嘆く前にできることはあると説く。

その次に「経営者の技術理解力または感度と迅速な判断、そして挑戦」を挙げている。ＡＩのイノベーションは世界各地で国境を越え、産業や企業を超えて起きている。こういった出来事に対するアンテナをもっと上げてほしいと願う。そうすることで経営者自ら納得して経営判断ができるとしている。「社員たちを説得し、新たな体制を創るためにも経営者自身の言葉と行動に説得力が必要だ」と述べている。

そして最後に指摘するのは、「わが国の強みを生かしＡＩとの相乗効果を狙うこと」

だ。日本の強みであるメカトロニクスに、ＡＩという頭脳を入れることで新たなモノを作り出せる、という発想である。日本はメカトロニクスを取り込んだロボット大国である。モーターなどのアクチュエータやセンサーなどのハードウェアは極めて強い。ここに生成ＡＩという頭脳を加えると、さらに進化する。

大崎氏のコラムを読んでいると、ファン氏とのアラインメント（合意）を強く感じる。大崎氏は日本法人の代表であり、日本市場への取り組みに関心が高いことは当たり前で、ＣＥＯとは異なる意見をお持ちだと思う。しかし、全社を挙げてＡＩに大きく舵を切るという方向性の合意に関してはまったくブレがない。ＡＩをどうやって日本に合わせていくかという方向性を追求している姿勢を強く感じる。

家族に感謝、深い愛情を持て

最後に、ファン氏の個人的なことにも触れておこう。彼は、仕事一筋ではあるが、家族にも深い愛情を示していることがいろいろな講演を通じて滲《にじ》み出ている。前述したカルテックでの講演でも、「卒業おめでとう。だが、ご両親や家族の犠牲もあったことを忘れないでほしい。感謝の意を込めて、君たちがご両親や家族を愛していることを知らせましょう」と述べている。

ファン氏は、1963年に台湾で生まれ、タイで少年時代を過ごし、そして9歳で兄とともに米国に渡った。少し遅れて両親もやってきた。米国に渡る決心を両親がしたのは、父親がニューヨークでエアコンメーカーのキャリア社の従業員研修を受け、米国の教育を子供たちに受けさせたいと思ったからだ。ファン氏が「両親の夢と願いが自分を作り上げた」と述べていたと、台湾のコンサルティング企業のワイズコンサルティンググループ(Y's Consulting Group)の記事のなかに書かれている。

中学生の時には卓球にのめり込み、15歳になった1978年全米卓球選手権大会のジュニアダブルスの部で3位になったこともあるという。

高校生になった時にコンピュータに夢中になり、オレゴン州立大学ではコンピュータ科学と半導体チップ設計を学んで、大学時代に未来の妻となるローリーに出会った。卒業後、彼らはシリコンバレーに移り、ファン氏はAMDで半導体チップ設計の仕事をした。さらに勉強したかったためスタンフォード大学大学院に入り、電気工学の修士課程を1992年に修了した後、LSIロジックに入社。ここで、マラコウスキー氏とプリエム氏に出会った。２人ともサンマイクロシステムズ社の出身だった。この３人でグラフィックスチップの会社エヌビディア創業に至る。

グラフィックスチップを設計する単なるファブレスの1社にすぎなかったが、いまや顧客と一緒にコンピュータボードやコンピュータさえも作ってしまう。必要なソフトウェアやソフトウェアを開発するための開発ツールも提供するプラットフォーマーとなった。

グラフィックスチップの設計会社は、アクセラレーテッドコンピューティング、さらにＡＩ工場あるいはＡＩファウンドリとして、ＡＩを実現したい人たちの支えとなっている。

シリコンバレーは盆地

エヌビディアをはじめ、シリコンバレーにおけるアメリカンドリームは今も変わっていないことがより明確になった。シリコンバレーとは、どんなところだろうか。

シリコンバレーの場所は、米国カリフォルニア州のサンフランシスコから南へ少し下ったところにある。シリコンバレーの発祥は、トランジスタを発明した人物の1人であるウイリアム・ショックレイ氏がマウンテンビューに研究所を設立したことにあると言われる。その後、半導体（シリコン）企業が多く集まったこと、山脈に挟まれた谷間（バレー）であることからシリコンバレーという名が付いた。ただ、山と山のあいだが広すぎるために谷間には見えない。広大な盆地という感じだ。

今も昔も半導体を成長産業として見る傾向はまったく変わっていない。１９９５年から２０００年あたりにはシリコンバレーは物価高が進み、住みにくいと言われた。そのため、一時的に流入人口よりも流出人口のほうが多くなったことがあった。

オレゴン州やテキサス州などがシリコンフォレスト（シリコンの森）、シリコンプレーン（シリコン平原）と呼ばれ、シリコンバレーからこれらの住みやすい州へ企業が移ることもあった。

その後、シリコンバレーはＩＴやデジタル化によって再び活気が戻ってきた。一時、半導体企業が他の州へ出ていってしまったように見えるこの現象は、シリコン半導体がシリコンバレーに集中するのではなく各地に広がっていった、と見るべきものだろう。シリコンフォレストもシリコンプレーンもそれぞれ発展し、アメリカの半導体業界を支えるようになっているからだ。

世界一、差別のない地域

シリコンバレーでは、時に昨日の友が敵になり、その逆もあり得る。それを象徴する言葉がフレネミー（Frenemy：Friend と Enemy を組み合わせた造語）である。もう一つ、コーペティション（Co-opetition）という言葉もある。これも Cooperation（協力）と Competition（競争）を組み合わせた造語である。顧客企業やサプライチェーンの人間だけではなく、時にはライバル企業のエンジニアも議論できる場がシリコンバレーにはある。エヌビディア創業者たちが利用したデニーズやコーヒーショップがその役割を果たしていると言えよう。

また、シリコンバレーの原動力となるものは、一人で起業するのではなく仲間で起業する気持ちである。日本には「三人寄れば文殊の知恵」という諺《ことわざ》があるように、一人で考えるよりもみんなの知恵を寄せ集めるほうが、良いものができる。エヌビディアの創業者3人で議論したことは、まさに日本の諺を実行したようなものだった。

筆者もシリコンバレーに出張すると、現地にいる知り合いから、「今晩スタンフォード大学の△△先生の講演が××コーヒーショップであるけど行かないか？」と誘われたりする。最初に雑談をしながらみんなで食事をした後、その講演を聴いて、質問を浴びせディスカッションするのだ。毎晩のように、街のあちこちでこうしたディスカッションが行なわれており、最新技術の動向を知ることができるところなのだ。

アメリカは差別と闘ってきた国だが、シリコンバレーのもう一つの特長は、世界一差別のない地域だということである。元サンノゼマーキュリー紙の記者で、アナリストになったスティーブ・ライト氏が所属する市場調査兼投資会社のSVL Groupが行なったハイテク企業CEOへの調査の結果、ハイテク企業に勤める男女の比率は女性が51%、男性は49%、またエンジニアの出身地として米国籍を持つ米国人が47%、外国人が53%という結果になった。つまり優秀であれば、男女も国籍も問わない地域がシリコンバレーなのだ。

かつて東海岸の古き良きアメリカを代表とする地区に住んでいた知り合いは、「カリフォルニアはアメリカではない」と言っていた。フレネミーでコーペティションな場所だからこそ、洗練されて強力なアイディアが生まれる地域なのかもしれない。

歩くな、走れ

シリコンバレーでは、技術の流出を心配するよりも、次の技術を開発し事業化することに集中している。たとえ技術が盗まれても、次の技術を開発しておけば古い技術は陳腐化し、新技術開発が最大の防御となることを理解しているからだ。

だからシリコンバレーでは、何よりもTime-to-Market（市場に出すまでの開発期間）が重要になる。実はこれが日本企業の弱点だ。日本企業は何よりも完璧さを求める。できた製品は完璧だが、それで終わりとなり、次の製品につながらない。シリコンバレーではまったくその逆で、次の製品につながる拡張性（スケーラビリティ）を優先する。最初に市場に出した製品は、次に出す製品のパイロットとなり、次に求められる機能を拡張できるように初期の製品を設計しておく。

半導体ＩＣ（集積回路）も同様に、基本となるプラットフォーム設計を最初の製品に盛り込んでおくと、機能の追加が容易ですぐにバージョンアップでき、1年ごとに新製品を市場に出せるようになる。

ファン氏は学生らに向けて、「歩くな、走れ」と話すことがある。テクノロジーの変化が非常に速いこと、卒業したらTime-to-Marketが大事であることを若い学生・院生に伝えようとしているのだ。彼らが活躍する２０４０年にはもっと新しい世界が広がっていることだろう。

あとがき

半導体産業を40年間見てきた筆者は、半導体企業として初めて時価総額が1兆ドルを超えたエヌビディアをやや興奮気味に見ていた。

私は技術ジャーナリストで、特に半導体を中心に、コンピュータやＡＩ、通信、自動車（カーエレクトロニクス）、産業ロボット、医療機器など半導体がなければ機能しない応用分野まで広げて、半導体業界全般をカバーして今も取材を続けている。

ゲーム用グラフィックスチップとボードを設計してきたエヌビディアが得意とするＧＰＵが、ＨＰＣ（高性能）コンピューティング技術やスーパーコンピュータにはなくてはならない存在になり、さらに人間の脳をモデルにしたニューラルネットワークを利用するＡＩを推進していることもしっかり見てきたつもりだ。

また、コンピュータや通信をカバーしている限り、ＩＴやデジタルシステムをさらに高性能、低消費電力にしようとすると、やはり半導体がカギを握っていることに気がつく。

もちろん、ＡＩをさらに高性能にすればするほど、半導体技術から離れられなくなるものだ。生成ＡＩを開発したOpenAI社のサム・アルトマンＣＥＯも、やはり同じ道を歩んでいると言っていいだろう。

結局、ＡＩで何かをしようと考える企業は、自分でＡＩチップを設計しなければ性能や消費電力が満足できなくなる。パソコンの父であるアラン・ケイの言葉「ソフトウェアに対して本当に真剣な人は、独自のハードウェアを作るだろう」はここでも生きている。

このアラン・ケイの言葉は、かつてスティーブ・ジョブズがiPhoneを最初に発表した時にも使われたが、ＡＩ時代に入った現在も、この言葉が生きていることを実感する。そして、この言葉を実践しているのがエヌビディアである。

エヌビディアはハードウェアのチップ設計から、そのチップの性能を十分引き出すためのソフトウェアＣＵＤＡも開発、ＡＩのさまざまなライブラリまで揃えた企業である。そしてその現在を実現させたのがトップリーダーのジェンスン・フアン氏である。

本書を執筆している間にエヌビディアの株価は上がり、一時的ではあったがトップのマイクロソフトまでも超えて世界一高い企業になった。現在は落ち着いているものの、株価に反映されるほどＡＩ技術に優れた企業であることは間違いない。本書は、半導体を追いかけて私が見つめてきたエヌビディアの様子をお伝えする内容となった。

今回の上梓でＰＨＰ研究所の堀井紀公子氏には感謝の気持ちでいっぱいだ。彼女がいなければ、おそらくこの本は生まれなかった。本書にご協力いただいた皆様に深謝申し上げます。

２０２４年８月

津田 建二

資料の出所一覧

1－1，1－3，2－1，2－3，4－8，9－1，9－2，10－1，10－2，10－3，10－4，10－5，10－6，10－7，12－4　エヌビディア　ニュースルーム　メディアアセット

1－2　https://en.wikipedia.org/wiki/File:Dolphin_triangle_mesh.png

2－2　シーメンス、エヌビディア

3－1　https://ja.wikipedia.org/wiki/%E8%8D%92%E9%87%8E%E3%81%AE%E4%B8%83%E4%BA%BA#/media/%E3%83%95%E3%82%A1%E3%82%A4%E3%83%AB:The_Magnificent_Seven_cast_publicity_photo.jpg

3－2　2024年COMPUTEX TAIPEI 2024での基調講演の動画よりスクリーンショット

3－3　各社の決算発表資料をもとに著者がまとめた

3－4　エヌビディアの決算発表資料をもとに著者がまとめた

3－5　https://www.pinecone.io/learn/series/image-search/imagenet/

4－1，4－2　SIA 2024 Factbookより／World leading semiconductor producers; source: WSTS, Omdia, SIA

4－3　WSTSの資料を著者がグラフ化

4－4　取材をもとに著者が作成

4－5　ガートナー

4－6　経済産業省

4－7　Gartner Dataquest、iSuppli、Gartner、Omidiaからの資料をもとに著者がまとめた

4－9，5－3，9－3，9－4，11－4，12－2　著者撮影

5－1　TrendForceの資料をもとに著者がまとめた

5－2　IC Insights（現 Techinsights）

5－4　https://ja.wikipedia.org/wiki/%E3%83%AA%E3%83%B3%E3%83%BB%E3%82%B3%E3%83%B3%E3%82%A6%E3%82%A7%E3%82%A4

6－1，6－2，7－1，7－2，8－1　各資料から著者が作成

9－5，9－6，9－7，9－8　エヌビディアのアニュアルレポートをもとに著者がまとめた

9－9　TOP500の資料を著者がまとめた

11－1　セレブラス

11－2，11－3，12－3　日本IBM

12－1　「i am ai - 公式紹介ビデオ」のスクリーンショット

装丁 —— 山之口正和（OKIKATA）
図表 —— 齋藤 稔（G-RAM）・齋藤維吹

〈著者略歴〉

津田建二（つだ けんじ）

国際技術ジャーナリスト。News & Chips 編集長。
東京工業大学理学部応用物理学科卒業後、日本電気に入社。半導体デバイスの開発等に従事する。その後、日経マグロウヒル（現 日経BP）に入社、「日経エレクトロニクス」「日経マイクロデバイス」、英文誌「Nikkei Electronics Asia」等の編集記者、副編集長、シニアエディターを経て、アジア部長、国際部長などを歴任。海外のビジネス誌の編集記者、日本版創刊や編集長を経て現在に至る。著書に『知らなきゃヤバイ！ 半導体、この成長産業を手放すな』『欧州ファブレス半導体産業の真実』（以上、日刊工業新聞社）がある。

エヌビディア 半導体の覇者が作り出す2040年の世界

2024年10月4日　第1版第1刷発行
2024年11月12日　第1版第2刷発行

著　者　津田建二
発行者　永田貴之
発行所　株式会社ＰＨＰ研究所

東京本部 〒135-8137　江東区豊洲5-6-52
ビジネス・教養出版部 ☎03-3520-9619（編集）
普及部 ☎03-3520-9630（販売）
京都本部 〒601-8411　京都市南区西九条北ノ内町11

PHP INTERFACE　https://www.php.co.jp/

組　版　株式会社PHPエディターズ・グループ
印刷所
製本所　TOPPANクロレ株式会社

ISBN978-4-569-85783-1